软弱地基处理新技术及工程应用

连　峰　崔新壮　赵延涛　等著

U0212370

中国建材工业出版社

图书在版编目（CIP）数据

软弱地基处理新技术及工程应用/连峰，崔新壮，
赵延涛等著. --北京：中国建材工业出版社，2019.3
ISBN 978-7-5160-2528-4

Ⅰ.①软…　Ⅱ.①连…②崔…③赵…　Ⅲ.①软土地
基—地基处理—研究　Ⅳ.①TU471

中国版本图书馆 CIP 数据核字（2019）第 054198 号

内　容　简　介

本书系统介绍了桩网复合地基、透水混凝土桩复合地基、爆夯动力固结法、电
渗法、水载预压法等软弱地基处理新技术的机理研究、设计方法、施工工艺及工程
应用，具有一定的学术价值和工程指导意义。

本书可供岩土工程专业研究人员、设计人员使用，亦可供大专院校相关专业师
生参考。

软弱地基处理新技术及工程应用

连　峰　崔新壮　赵延涛　等著

出版发行：中国建材工业出版社

地　　址：北京市海淀区三里河路 1 号

邮　　编：100044

经　　销：全国各地新华书店

印　　刷：北京雁林吉兆印刷有限公司

开　　本：787mm×1092mm　1/16

印　　张：7.75

字　　数：180 千字

版　　次：2019 年 3 月第 1 版

印　　次：2019 年 3 月第 1 次

定　　价：68.00 元

《软弱地基处理新技术及工程应用》
撰写委员会

连　峰　崔新壮　赵延涛　李开防

刘　治　付　军　赵夫国　刘近龙

翟午琛　檀继猛　朱　磊　巩宪超

序

近年来，我国填海造陆取得重大进展，为临港经济的发展拓展了空间。以山东省为例，2011 年 1 月初，国务院批复了《山东半岛蓝色经济区发展规划》，成为"十二五"开局之年第一个获批的国家发展战略。其中，建设山东半岛蓝色经济区的一个重要内容是到 2020 年将填海造地 420 平方公里，相当于再造一个海上陆域大县。填海陆域软土地层条件复杂、工程土质差、抗剪强度低，在其上兴建公路、铁路、机场等大型基础设施易产生较大的工后沉降，给后期正常使用带来严重影响。此类事故在国内外屡有发生，如建于填海陆域上的日本关西机场因软土地基处理不当，后期沉降量已达 2m 多，几乎成为"水下机场"；河北曹妃甸工业区、深圳宝安地区、天津滨海新区吹填造陆后地面基础设施均因软基处理不当出现过沉降过大，结构受损的情况。因此，根据山东半岛填海陆域软土特点，选择合适的软基处理方法进行有效控沉，保证大型基础设施安全运行就显得非常重要。虽然近年来随着国家建设规模的扩大，各种软基处理技术得到了有力推广和发展，但是仍然存在工后差异沉降控制困难、投资大、工期长等问题，亟待行业共同解决。

目前业内解决上述问题的主流思想是：在确保填海地基基础设施安全运行的前提下，结合其上部结构特点，从变形控制要求出发，采用相应的地基处理技术，以降低成本，提高效率，这就要求工程师不断地总结工程经验和进行技术创新。基于此，作者等一批长期从事软弱地基处理技术研究工作的专家教授结合自身研究特长和工程经验撰写了本书，书中对近年来涌现的桩网复合地基技术、透水桩复合地基技术、爆夯动力固结法等一批新技术的加固机理、设计方法、施工工艺进行了总结，并提供了工程实例。本书内容丰富，具有一定的学术价值和工程指导意义，可供同行参考。

本书撰写分工是这样的：第一章由山东省建筑科学研究院连峰、刘治、翟午琛撰写，第二章由山东大学土建与水利学院崔新壮撰写，第三章由济南城建集团有限公司赵延涛和山东省建筑科学研究院付军撰写，第四章由滕州市建筑安装工程集团公司李开防、赵夫国，山东省建筑科学研究院刘近龙撰写，第五章由山东省建筑科学研究院朱磊、巩宪超，济南市勘察测绘研究院檀继猛撰写，全书由翟午琛统稿，连峰审校。在本书撰写过程中，得到了诸多领导、专家及同事的指导和帮助，特此表示由衷的感谢。

由于作者水平所限，书中不足之处在所难免，恳请广大读者批评指正。

著　者

2018 年 11 月于泉城济南

目　　录

第1章　桩网复合地基技术 ……………………………………………… 1

　1.1　概　述 ………………………………………………………………… 1

　1.2　加固机理及适用范围 ………………………………………………… 2

　1.3　设　计 ………………………………………………………………… 4

　1.4　施　工 ………………………………………………………………… 13

　1.5　质量检验 ……………………………………………………………… 14

　1.6　工程实例 ……………………………………………………………… 14

　1.7　发展展望 ……………………………………………………………… 29

第2章　透水混凝土桩复合地基技术 …………………………………… 31

　2.1　概　述 ………………………………………………………………… 31

　2.2　加固机理及适用范围 ………………………………………………… 32

　2.3　设　计 ………………………………………………………………… 33

　2.4　施　工 ………………………………………………………………… 36

　2.5　质量检验 ……………………………………………………………… 37

　2.6　工程实例 ……………………………………………………………… 38

　2.7　发展展望 ……………………………………………………………… 52

第3章　爆夯动力固结技术 ……………………………………………… 54

　3.1　概　述 ………………………………………………………………… 54

　3.2　设计与施工 …………………………………………………………… 57

　3.3　路基填土施工 ………………………………………………………… 61

　3.4　观测仪器埋设与监测 ………………………………………………… 61

　3.5　爆夯处理工程效果对比分析 ………………………………………… 82

　3.6　本章结论 ……………………………………………………………… 88

第4章　电渗加固技术 …………………………………………………… 89

　4.1　概　述 ………………………………………………………………… 89

　4.2　加固机理及适用范围 ………………………………………………… 89

　4.3　设　计 ………………………………………………………………… 89

　4.4　施　工 ………………………………………………………………… 92

4.5　试验成果分析 ……………………………………………………… 93

4.6　结　论 …………………………………………………………… 102

第5章　水载预压技术 ………………………………………………… 104

5.1　概　述 …………………………………………………………… 104

5.2　加固机理及适用范围 …………………………………………… 104

5.3　设　计 …………………………………………………………… 106

5.4　施　工 …………………………………………………………… 107

5.5　试验成果分析 …………………………………………………… 110

5.6　经济对比与推广应用 …………………………………………… 110

5.7　结　论 …………………………………………………………… 111

参考文献 …………………………………………………………… 113

第1章 桩网复合地基技术

1.1 概　述

桩网复合地基是"桩-网-土"协同工作、桩和土共同承担荷载的人工地基体系。它能充分调动桩、网、土三者的潜力，具有桩体、垫层、排水、挤密、加筋、防护等综合功效；具有沉降变形小而且完成快、工后沉降容易控制、稳定性高、工期短、施工方便等优点。已有的研究及实践表明：桩网复合地基特别适合于在天然软土地基上快速修筑路堤或堤坝类构筑物，与其他地基处理方法相比，具有经济、技术等多方面优势。国外已有许多应用这种地基处理技术的工程实例，如伦敦的 Stansted 机场的铁路连接线加宽工程、巴西圣保罗北部的公路拓宽工程、荷兰的部分高速公路等，一般称之为"桩承堤"，英国、瑞典、德国、日本等国家还就此项技术出台了相关规范，其中以英国 BS 8006 规范和北欧 Nordic 规范为典型代表。近年来，国内沿海地区如上海、江苏、浙江、广东等地高速公路、铁路、机场建设中广泛采用该项技术解决软土路堤填筑、桥台跳车、新旧路段连接等技术难题，大都取得了较好的效果。在京沪高速铁路部分路段软基处理中为降低成本，加快工期，也采用了这一处理方法——布置成疏桩并严格控制其工后沉降量，以确保行车安全。表 1.1.1 是桩网复合地基技术的工程应用案例。

表 1.1.1　桩网复合地基技术在工程中的应用

序号	工程名称	桩　型	用　途	垫层结构	设计单位
1	深圳西部通道侧接线	D400 管桩 @1400	地道地基	土工格栅 碎石垫层	上海市政工程设计研究院
2	深圳宝安国际机场停机坪扩建工程	D300 管桩 @2000	停机坪	土工格栅 碎石垫层	铁科院深圳研究设计院
3	东莞五环路	D300 管桩 @2000	桥头过渡段	土工格栅 碎石垫层	上海市政工程设计研究院
4	东莞东部快速路	D400 灌注桩 @1800	公路路基	土工格栅 碎石垫层	上海市政工程设计研究院
5	浙江杭甬高速路	D400 管桩 @2500	公路路基	土工格栅 碎石垫层	浙江交通规划设计院
6	京沪高铁京徐段	D500 CFG 桩 @1800	铁路路基	土工格栅 碎石垫层	中铁第三勘察设计院 集团有限公司
7	武广客运专线	D500 CFG 桩 @1400～1800	铁路路基	土工格栅 碎石垫层	中铁第四勘察设计院 集团有限公司

就目前来讲，国内外学者对桩网复合地基的研究有：Hewlett & Randolph 通过假定桩间砂土土拱穹顶应力平衡条件，推导了土拱效应计算公式。Jones 假定水平加筋体中的拉力由桩间土沉降和路堤边缘土体侧向位移引起，给出了预制钢筋混凝土端承桩情况下水平加筋体中拉力的计算公式和桩土应力比公式。Low 通过试验和理论研究了桩承土工织物路堤中填土的成拱性状以及土工织物所起的作用。Han 采用轴对称有限元法按单桩模型分析桩、地基土体、格栅、桩土应力比和路堤沉降，计算发现水平加筋体能有效地促进荷载传向桩顶，提高荷载分担比，减少桩顶和路堤表面的沉降和沉降差，但是分析中没有考虑盖板的作用，对存在软弱下卧层的情况也没有考虑。饶为国对桩网复合地基应力比分析及工后沉降计算作了初步研究，并分别根据网单元的受力平衡条件、路堤荷载特点及工后沉降机理推导出了桩网复合地基桩土应力比计算公式；运用薄板变形理论和 Winkler 弹性地基模型推导出桩网复合地基加固区的工后沉降量计算公式。许峰根据路堤各部分的协调作用，考虑桩侧摩阻力沿深度的变化和土拱效应、负摩阻力对应力-应变的影响，推导得到桩、土的荷载传递基本方程，获得了关于荷载分担比、等沉面高度、沉降、桩身轴力、桩侧摩阻力的计算方法，但上述方法不能考虑格栅的作用，也没有考虑群桩的相互作用。连峰、龚晓南把桩网复合地基作为一种双向复合地基进行了机理分析，并依托广梧高速对四种形式的桩网复合地基进行了现场试验研究。周镜对国外桩承加筋土路基的计算方法进行了比较，他在算例中指出采用国外的方法进行加筋体拉力计算，其结果较实测值偏大。张良用离心试验来分析桩、帽、网在不同桩端持力层下的受荷性能。詹金林首次在大型储罐基础下采用了大直径刚性桩网复合地基，对大直径刚性桩网复合地基的设计、数值模拟分析、优化设计进行了详细的论述。

综上所述，已有研究偏重于对桩网复合地基的承载特性进行分析，对桩网复合地基工后沉降发展规律等报道相对较少，实际上因设计不当，在一些工程中曾经出现过工后沉降过大等情况，因此结合上部结构特点，研究桩网复合地基沉降发展规律，分析沉降发展过程中的桩土荷载转移、分配规律十分重要。另外鉴于在国内实际工程中大规模的采用这种工法是近些年来的事情，缺乏长期监测数据，且多数工程为工后沉降控制标准严格的高速公路、铁路、机场等大型基础设施，工后沉降的大小直接关系到其安全平稳运行，因此对桩网复合地基工后沉降控制理论及设计方法仍有深入研究的必要。

1.2 加固机理及适用范围

桩网复合地基一般由上部填土、加筋垫层、桩帽、刚性桩、桩间土、下卧持力层构成，其加固机理至少包括四种作用：路堤填土中的土拱效应、加筋垫层兜提效应、桩土相互作用以及下卧层土体的支承作用。由于填土中的土拱效应，作用在上部的一部分柔性荷载由桩来承担，剩余部分由桩间土来承担，然而由于桩与桩间土之间的刚度悬殊，造成两者之间产生差异沉降，使得加筋体变形受拉，将本应由桩间土承担的荷载又部分地传递给桩体，此外由于桩土差异沉降，由桩间土承担的一部分荷载又通过摩阻力传递给桩体，最终大部分荷载由刚性桩传递到下卧持力层，如图 1.2.1 所示。

2

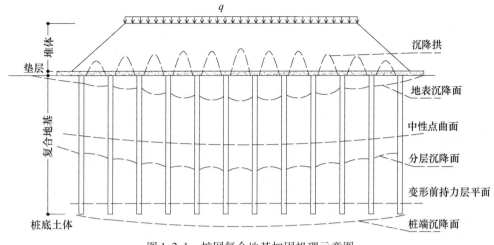

图 1.2.1　桩网复合地基加固机理示意图

　　桩网复合地基一般用于填土路堤、柔性面层堆场和机场跑道等构筑物的地基加固与处理，适用于处理黏性土、粉土、砂土、淤泥、淤泥质土地基，也可用于处理新近填土、湿陷性土和欠固结淤泥等地基，但能否形成复合地基要根据现场实际情况确定，如沿海某高速公路管桩间距 2.3 ~ 2.8m，管桩直径 300mm 和 400mm，桩顶设置加筋垫层，但未设桩帽，因部分路段软土为有机质含量较高的软黏土，在高填方作用下，桩间土沉降达到 80cm。另外一条高速公路某标段采用直径 400mm 的 PHC 管桩进行软基处理，管桩间距 1.5m。填土高度达到 6m 时，路基发生滑塌，被迫路改桥。因此，对桩网复合地基工程实践经验较少的地区，需要进行现场试验，验证其可行性。

　　工程设计中应特别重视桩网复合地基和桩承堤的区别。在桩承堤中荷载通过土拱作用和土工格栅加筋垫层兜提作用传递到刚性桩上，桩间土不直接参与承担荷载，荷载全部由桩承担，因此桩承堤中的桩应是端承刚性桩。桩网复合地基中加筋垫层下桩间土直接参与承担荷载，荷载由桩和桩间土共同承担，桩网复合地基中的桩一般应是摩擦型桩，如采用端承桩则应根据加筋垫层的协调能力，保守估计桩间土分担荷载。表 1.2.1 是对桩承堤和桩网复合地基加固机理及适用范围的简要总结。

表 1.2.1　桩承堤、桩网复合地基加固机理及适用范围比较

名称	桩承堤	桩网复合地基
简图	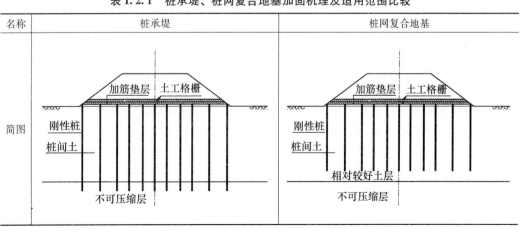	

名称	桩承堤	桩网复合地基
加固机理模型		
传力路线		
桩	端承桩	摩擦桩/端承桩
桩间土	设计中不考虑桩间土承载力	充分利用桩间土的承载力,如为端承桩则应保守估计桩间土分担荷载
桩端土	不可压缩层	性质相对较好土层
特点	长桩、大板、强网,加固机理简单明确	加筋垫层刚度适当,桩土变形协调,加固机理较复杂
设计要点	土拱设计、加筋体设计、桩帽设计、刚性桩设计、沉降计算、边坡稳定计算	加筋垫层设计、刚性桩复合地基设计、桩帽设计、沉降计算、边坡稳定计算
应用范围	工后沉降控制严格,适用于基岩埋深较浅地域的高速铁路、高等级公路建设、旧路拓宽等,对于不能形成复合地基的情况,如新近填土、湿陷性土和欠固结淤泥等工后沉降较大的地基类型,应按桩承堤设计	有一定工后沉降量,适用于深厚软弱地基上修建公路、机场、堆场、储罐、粮库、城市假山等

1.3 设 计

从国内文献及工程实践两方面来看,桩网复合地基设计理论严重滞后于工程实践,其发展大致经历了桩承堤→刚性桩复合地基→双向复合地基→桩承堤+刚性桩复合地基这一过程,体现了对该技术加固机理的认识是逐渐深入的。目前国内有代表性的设计方法有浙江省《复合地基技术规程》(DB 33/1051—2008)推荐方法,《广东省公路软土地基设计与施工技术规定》(GDJTG/TE 01—2011)推荐方法,《复合地基技术规范》(GB/T 50783—2012)推荐方法。这里重点介绍《复合地基技术规范》(GB/T 50783—

2012）推荐设计方法。

1.3.1　浙江省《复合地基技术规程》（DB 33/1051）推荐方法

该方法基于双向复合地基理论提出：桩网复合地基的设计包括刚性桩复合地基设计和加筋土垫层设计两部分，这是区别于其他类型复合地基的一个主要特点。刚性桩复合地基和加筋垫层的承载力均需满足使用要求。刚性桩复合地基控制地基总沉降，加筋垫层减小桩土差异沉降。将桩承堤视为桩网复合地基的一个特例，即 $\beta_s = 0$ 的情况。桩帽的设计应满足抗弯、抗冲切和抗剪强度要求。

1.3.2　《广东省公路软土地基设计与施工技术规定》（GDJTG/TE 01）推荐方法

该方法按基于桩土应力比的刚性桩复合地基理论进行桩网复合地基设计，也涵盖了桩承堤的设计方法。设计流程为：选取桩间距、桩帽尺寸→根据经验确定桩土应力比或桩土荷载分担比→根据填土高度、填料重度及桩土应力比确定桩、桩间土承受的荷载→桩长设计、桩帽设计、地基承载力验算、沉降计算→如地基承载力、沉降不满足要求重新选取桩间距、桩帽尺寸。

1.3.3　《复合地基技术规范》（GB/T 50783）推荐方法

该方法糅合刚性桩复合地基理论与桩承堤设计理论，将桩网复合地基和桩承堤的设计统一起来。工程设计中要特别注意桩承堤与桩网复合地基两者的适用条件，对二者的作用机理有明确的认识。

1. 准备工作

设计前应通过勘察查明土层的分布和基本性质、各土层桩侧摩阻力和桩端阻力，以及判断土层的固结状态和湿陷性等特性。桩的竖向抗压承载力应通过试桩绘制 $p \sim s$ 曲线确定，并应作为设计的依据。桩型可采用预制桩、就地灌注素混凝土桩、套管灌注桩等，应根据施工的可行性、经济性等因素综合比较确定桩型。桩网复合地基的桩间距、桩帽尺寸、加筋层的性能、垫层及填土层厚度，应根据地质条件、设计荷载和试桩结果综合分析确定。

2. 桩网复合地基承载力设计

（1）桩径宜取 200~500mm，加固土层厚、软土性质差时宜取较大值。

（2）桩网复合地基宜按正方形布桩，桩间距应根据设计荷载、单桩竖向抗压承载力计算确定，方案设计时可取桩径或边长的 5 倍~8 倍。

（3）单桩竖向抗压承载力应通过试桩确定，在方案设计和初步设计阶段，单桩的竖向抗压承载力特征值应按现行行业标准《建筑桩基技术规范》（JGJ 94）的有关规定计算。

（4）当桩需要穿过松散填土层、欠固结软土层、自重湿陷性土层时，设计计算应考虑负摩阻力的影响；单桩竖向抗压承载力特征值、桩体强度验算应符合下列规定：

① 对于摩擦型桩，可取中性点以上侧阻力为零，可按式（1.3.1）验算桩的抗压承载力特征值：

$$R_a \geqslant Ap_k \tag{1.3.1}$$

式中　R_a——单桩竖向抗压承载力特征值（kN），只计中性点以下部分侧阻值及端阻值；

　　　p_k——相应于荷载效应标准组合时，作用在地基上的平均压力值（kPa）；

　　　A——单桩承担的地基处理面积（m²）。

② 对于端承型桩，应计及负摩擦引起基桩的下拉荷载标准值 Q_n^g，并可按式（1.3.2）验算桩的竖向抗压承载力特征值：

$$R_a \geqslant Ap_k + Q_n^g \tag{1.3.2}$$

式中　Q_n^g——桩侧负摩阻力引起的下拉荷载标准值（kN），按现行行业标准《建筑桩基技术规范》（JGJ 94）的有关规定计算。

③ 桩身强度应符合式（1.3.3）要求：

$$R_a = \eta f_{cu} A_p \tag{1.3.3}$$

式中　η——桩体强度折减系数，η 可取 0.33 ~ 0.36，灌注桩或长桩时应用低值，预制桩应取高值；

　　　A_p——单桩截面积（m²）；

　　　f_{cu}——桩体材料试块抗压强度平均值。

（5）桩网复合地基承载力特征值应通过复合地基竖向抗压载荷试验或综合桩体竖向抗压载荷试验和桩间土地基竖向抗压载荷试验，并应结合工程实践经验综合确定。当处理松散填土层、欠固结软土层、自重湿陷性土等有明显工后沉降的地基时，应根据单桩竖向抗压载荷试验结果，计及负摩阻力影响，确定复合地基承载力特征值。

（6）初步设计可采用式（1.3.4）确定复合地基承载力特征值：

$$f_{spk} = \beta_p m R_a / A_p + \beta_s (1 - m) f_{sk} \tag{1.3.4}$$

式中　f_{spk}——复合地基承载力特征值（kPa）；

　　　m——复合地基置换率；

　　　f_{sk}——桩间土地基承载力特征值（kPa）；

　　　β_p——桩体竖向抗压承载力修正系数，宜综合复合地基中桩体实际竖向抗压承载力和复合地基破坏时桩体的竖向抗压承载力发挥度，结合工程经验取值，其中 β_p 可取 1.0；

　　　β_s——桩间土地基承载力修正系数，宜综合复合地基中桩间土地基实际承载力和复合地基破坏时桩间土地基承载力发挥度，结合工程经验取值。当加固桩属于端承型桩时，β_s 可取 0.1 ~ 0.4，当加固桩属于摩擦型桩时，β_s 可取 0.5 ~ 0.9，当处理对象为松散填土层、欠固结软土层、自重湿陷性土等有明显工后沉降的地基时，β_s 可取 0。

3. 桩帽设计

（1）正方形布桩时，可采用正方形桩帽，桩帽上边缘应设 20mm 宽的 45°倒角。采用钢筋混凝土桩帽时，其强度等级不应低于 C25，桩帽的尺寸和强度应符合下列规定：

① 桩帽面积与单桩处理面积之比宜取 15% ~ 25%；

② 桩帽以上填土高度，应根据垫层厚度、土拱计算高度确定；

③ 在荷载基本组合条件下，桩帽的截面承载力应满足抗弯和抗冲剪强度要求；

④ 钢筋净保护层厚度宜取 50mm。

桩帽作为结构构件，采用荷载基本组合验算截面抗弯和抗冲剪承载力（图 1.3.1）。

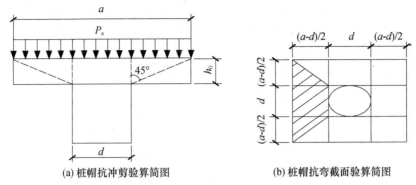

(a) 桩帽抗冲剪验算简图　　　　(b) 桩帽抗弯截面验算简图

图 1.3.1　桩帽计算

桩帽抗冲剪按下列公式计算：

$$V_s / u_m h_0 \leqslant 0.7 \beta_{hp} f_t / \eta \tag{1.3.5}$$

$$V_s = P_s a^2 - (\tan 45° h_0 + d)^2 \pi P_s / 4 \tag{1.3.6}$$

$$u_m = 2 \ (d/2 + \tan 45° h_0/2) \ \pi \tag{1.3.7}$$

式中　V_s——桩帽上作用的最大冲剪力（kN）；

　　　　u_m——距桩边缘 $h_0/2$ 处冲切临界截面的周长（m）；

　　　　P_s——相应于荷载基本组合时，作用在桩帽上的压力值（kPa）；

　　　　β_{hp}——冲切高度影响系数，取 1.0；

　　　　f_t——混凝土轴心抗拉强度（kPa）；

　　　　η——影响系数，取 1.25。

桩帽截面抗弯承载力按下列公式计算：

$$M_R \geqslant M \tag{1.3.8}$$

$$M = \frac{1}{2} P_s d \left(\frac{a-d}{2}\right)^2 + \frac{2}{3} P_s \left(\frac{a-d}{2}\right)^3 \tag{1.3.9}$$

式中　M_R——截面抗弯承载力（kN·m）；

　　　　M——桩帽截面弯矩（kN·m）。

4. 土拱设计

（1）采用正方形布桩和正方形桩帽时，桩帽之间的土拱高度可按下式计算：

$$h = 0.707 \ (S - a) \ / \tan \varphi \tag{1.3.10}$$

式中　h——土拱高度（m）；

　　　　S——桩间距（m）；

　　　　a——桩帽边长（m）；

　　　　φ——填土的摩擦角，黏性土取综合摩擦角（°）。

当处理松散填土层、欠固结软土层、自重湿陷性土等有明显工后沉降的地基时，确定土拱高度是填土高度设计的前提，也是计算确定加筋体的依据。实用的土拱计算方法主要有英国规范法、日本细则法和北欧规范法等。

英国规范 BS 8006（1995）根据 Hewlett、Low 和 Randolph 等人的研究成果，假定土体在压力作用下形成的土拱为半球拱，提出了桩网土拱临界高度的概念，认为：路堤的填土高度超过临界高度 $H_c = 1.4（S - a）$ 时，才能产生完整的土拱效应。该规定忽视了路堤填土材料的性质，在对路堤填料有严格限制的条件下，英国规范的方法方便实用。

北欧规范引用了 Carlsson 的研究成果，假定桩网复合地基平面土拱的形式为三角形楔体，顶角为 30°。可计算得到土拱高度为 $H_c = 1.87（S - a）$。

日本细则采用了应力扩散角的概念，同样假定桩网复合地基平面土拱的形式为三角形楔体，顶角为 2φ，φ 为材料的内摩擦角，黏性土取综合内摩擦角如图 1.3.2 所示。

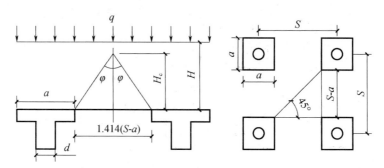

图 1.3.2 土拱高度计算

桩网复合地基采用间距为 S 的正方形布桩，正方形桩帽边长为 a，土拱高度计算应考虑桩帽之间最大的间距，$H_c = 0.707（S - a）/\tan\varphi$。当 $\varphi = 30°$ 时，$H_c = 1.22（S - a）$；日本细则另外规定土拱高度计算取 1.2 的安全系数，设计取值时，$H_c = 1.46（S - a）$。

目前，各国采用的规范方法略有不同，但是考虑到路堤填料规定的差异，各国关于土拱高度计算方法实质上差异较小。

（2）为避免路面出现不均匀沉陷，规定桩帽以上的最小填土设计高度按下式计算：

$$h_2 = 1.2（h - h_1） \tag{1.3.11}$$

式中 h_2——垫层之上最小填土设计高度（m）；

h_1——垫层厚度（m）。

5. 加筋体设计

（1）加筋层设置在桩帽顶部，加筋的经纬方向宜分别平行于布桩的纵横方向，应选用双向抗拉同强、低蠕变性、耐老化型的土工格栅类材料。

（2）当桩与地基土共同作用形成复合地基时，桩帽上部加筋体性能应按边坡稳定需要确定。当处理松散填土层、欠固结软土层、自重湿陷性土等有明显工后沉降的地基时，加筋体的性能应符合下列规定：

① 加筋体的抗拉强度设计值（T）可按下式计算：

$$T \geqslant \frac{1.35\gamma_{cm}h（S^2 - a^2）\sqrt{（S - a）^2 + 4\Delta^2}}{32\Delta a} \tag{1.3.12}$$

式中 T——加筋体抗拉强度设计值（kN/m）；

γ_{cm}——桩帽之上填土的平均重度（kN/m³）；

Δ——加筋体的下垂高度（m），可取桩间距的 1/10，最大不宜超过 0.2m。

② 加筋体的强度和对应的应变率应与允许下垂高度值相匹配，宜选取加筋体设计抗拉强度对应应变率为 4% ~6%，蠕变应变率应小于 2%。

③ 当需要铺设双层加筋体时，两层加筋应选同种材料，铺设竖向间距宜取 0.1 ~0.2m，两层加筋体之间应铺设与垫层同样的材料，两层加筋体的抗拉强度宜按下式计算：

$$T = T_1 + 0.6T_2 \tag{1.3.13}$$

式中　T——加筋体抗拉强度设计值（kN/m）；

　　　T_1——桩帽之上第一层加筋体的抗拉强度设计值（kN/m）；

　　　T_2——第二层加筋体的抗拉强度设计值（kN/m）。

（3）目前国内外规范关于加筋体拉力的计算方法主要有下列 4 种：

① 英国规范 BS 8006 法

将水平加筋体受竖向荷载后的形状近似看成双曲线，假设水平加筋体之下脱空，得到竖向荷载（W_T）引起的水平加筋体张拉力（T）按下式计算：

$$T = \frac{W_T \ (S-a)}{2a}\sqrt{1+\frac{1}{6\varepsilon}} \tag{1.3.14}$$

式中　S——桩间距（m）；

　　　a——桩帽宽度（m）；

　　　ε——水平加筋体应变；

　　W_T——作用在水平加筋体上的土体重量（kN）。

当 $H > 1.4\ (S-a)$ 时，W_T 按下列公式计算：

$$W_T = \frac{1.4S\gamma \ (S-a)}{S^2 - a^2}\left[S^2 - a^2\left(\frac{C_c a}{H}\right)^2\right] \tag{1.3.15}$$

对于端承桩：

$$C_c = 1.95H/a - 0.18 \tag{1.3.16}$$

对于摩擦桩及其他桩：

$$C_c = 1.5H/a - 0.07 \tag{1.3.17}$$

式中　C_c——成拱系数。

② 北欧规范法

北欧规范法的计算模式采用了三角形楔形土拱的假设（图 1.3.3），不考虑外荷载的影响，则二维平面时的土楔重量（W_{T2D}）按下式计算：

$$W_{T2D} = \frac{(S-a)^2}{4\tan 15°}\gamma \tag{1.3.18}$$

该方法中，水平加筋体张拉力的计算采用了索膜理论，也假定加筋体下面脱空，得到二维平面时的加筋体张拉力（T_{rp2D}）可按下式计算：

$$T_{rp2D} = W_{T2D}\left(\frac{S-a}{8\Delta}\right)\sqrt{1+\frac{16\Delta^2}{(S-a)^2}} \tag{1.3.19}$$

式中　Δ——加筋体的最大挠度（m）。

瑞典 Rogheck 等考虑了三维效应，得到三维情况下土楔重量（W_{T3D}）可按下式计算：

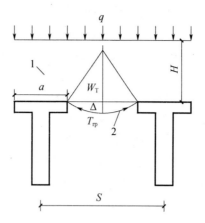

图 1.3.3　加筋体计算

1—为路堤；2—为水平加筋体

$$W_{T3D} = \left(1 + \frac{S - a}{2}\right) W_{T2D} \tag{1.3.20}$$

则三维情况下水平加筋体的张拉力（T_{rp3D}）可按下式计算：

$$T_{rp3D} = \left(1 + \frac{S - a}{2}\right) T_{rp2D} \tag{1.3.21}$$

③ 日本细则方法

日本细则方法考虑拱下三维楔形土体的重量，假定加筋体为矢高 Δ 的抛物线，土拱下土体荷载均布作用在加筋体上，推导出加筋体张拉力可按下式计算：

$$W = \frac{1}{2} h\gamma \left(S^2 - \frac{1}{4} a^2\right) \tag{1.3.22}$$

格栅上的均布荷载：

$$q = \frac{W}{2\left(S - a\right) a} \tag{1.3.23}$$

加筋体的张力：

$$T_{max} = \sqrt{H^2 + \left(\frac{q\Delta}{2}\right)^2} \tag{1.3.24}$$

$$H = q\left(S - a\right)^2 / 8\Delta \tag{1.3.25}$$

④ 中国 GB/T 50783 方法

本方法采用应力扩散角确定的土拱高度，考虑空间效应计算加筋体张拉力（图1.3.4）。

土拱设计高度 $h = 1.2H_c$，$H_c = 0.707\left(S - a\right) / \tan\varphi$（图1.3.4）。加筋体张拉力产生的向上的分力承担图中阴影部分楔体土的重量，假定加筋体的下垂高度为 Δ，变形近似于三角形，土荷载的分项系数取 1.35，则加筋体张拉力可按下式计算：

$$T \geq \frac{1.35\gamma h\left(S^2 - a^2\right)\sqrt{\left(S - a\right)^2 + 4\Delta^2}}{32\Delta a} \tag{1.3.26}$$

⑤ 不同方法计算结果的对比

此处以一个算例对比上述不同规范计算土拱高度和加筋拉力的结果。算例中：布桩间距2.0m，桩帽尺寸1.0m，填料内摩擦角取35°、30°和25°三种情况，填土的重度取20kN/m³，填土的总高度大于2.5m，加筋体最大允许下垂量0.1m。土拱的高度和加筋体的拉力分别按照不同国家的规范方法计算，结果列于表1.3.1。

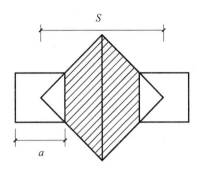

图1.3.4　加筋体计算平面

表1.3.1　不同国家规范土拱高度和加筋体拉力计算比较

规范或方法名称		英国规范 BS 8006	北欧规范	日本细则	中国规范 GB/T 50783
$\varphi=35°$	土拱高度（m）	1.68	2.24	1.45	1.45
	加筋拉力（kN/m）	64.10	101.90	49.90	58.30
$\varphi=30°$	土拱高度（m）	1.68	2.24	1.76	1.76
	加筋拉力（kN/m）	64.10	101.90	60.70	69.40
$\varphi=25°$	土拱高度（m）	1.68	2.24	2.18	2.18
	加筋拉力（kN/m）	64.10	101.90	75.20	85.32

在 GB/T 50783 方法确定总填土厚度时，考虑了 20% 的安全余量。这样，能够保证桩网复合地基形成完整的土拱，不至于在路面产生波浪形的差异沉降。工程实际和模型试验都表明，增加加筋层数能够有效地减小土拱高度。但是，目前这方面还没有定量的计算方法，建议采用有限元等方法和足尺模型试验来确定多层加筋土土拱高度。

加筋层材料应选用土工格栅、复合土工布等具有铺设简便、造价便宜、材料性能适应性好等特点的土工聚合物材料。宜选用尼龙、涤纶、聚酯材料的经编型、高压聚乙烯和交联高压聚乙烯材料等拉伸型土工格栅，或该类材料的复合土工材料。热压型聚苯烯、低密度聚乙烯等材料制成的土工格栅强度较低、延伸性大、蠕变性明显，不宜采用。玻纤土工格栅强度很高，但是破坏时应变率较小，一般情况下也不适用。

桩与地基土共同作用形成复合地基时，桩帽上部加筋按边坡稳定要求设计。加筋层数和强度均应该由稳定计算的结果确定。多层加筋也可以解决单层加筋强度不够的问题。从桩网加筋提兜作用的机理分析，选择两层加筋体时，两层筋材应尽量靠近。但是贴合会减少加筋体与垫层材料的摩擦力，要求之间有 10cm 左右的间距，所填的材料应与垫层相同。由于两层加筋体所处的位置不同，实际产生的变形量也不同，所以强度发挥也不同。两层相同性质的加筋体，上层筋材发挥的拉力只有下层的 60% 左右。

加筋体的允许下垂量与地基的允许工后沉降有关，也关系到加筋体的强度性能。当工后沉降控制严格时，允许下垂量 Δ 取小值。规定的加筋体下垂量越小，加筋体的强度要求就越高。所以，一般情况下规范推荐取桩帽间距的 10%。

（4）垫层应铺设在加筋体之上，应选用碎石、卵石、砾石，最小粒径应大于加筋体的孔径，最大粒径应小于 50mm；垫层厚度（h_1）宜取 200 ~ 300mm。

（5）垫层之上的填土材料可选用碎石、无黏性土、砂质土等，不得采用塑性指数大于 17 的黏性土、垃圾土、混有有机质或淤泥的土类。

6. 沉降计算

（1）桩网复合地基沉降（s）应由加固区复合土层压缩变形量（s_1）、加固区下卧土层压缩变形量（s_2），以及桩帽以上垫层和土层的压缩量变形量（s_3）组成，宜按下式计算：

$$s = s_1 + s_2 + s_3 \tag{1.3.27}$$

（2）各沉降分量可按下列规定取值：

① 加固区复合土层压缩变形量（s_1），可按公式（1.3.28）计算，当采用刚性桩时可忽略不计；

$$s_1 = \psi_{s1} \sum_{i=1}^{n} \frac{\Delta p_i}{E_{spi}} l_i \tag{1.3.28}$$

$$E_{spi} = m E_{pi} + (1 - m) E_{si} \tag{1.3.29}$$

式中　Δp_i——第 i 层土的平均附加应力增量（kPa）；

　　　　l_i——第 i 层土的厚度（mm）；

　　　　ψ_{s1}——复合地基加固区复合土层压缩变形量计算经验系数，根据复合地基类型、地区实测资料及经验确定；

　　　　E_{spi}——第 i 层复合土体的压缩模量（kPa）；

　　　　E_{pi}——第 i 层桩体压缩模量（kPa）；

　　　　E_{si}——第 i 层桩间土压缩模量（kPa），宜按当地经验取值，如无经验，可取天然地基压缩模量。

② 加固区下卧土层压缩变形量（s_2），可按式（1.3.30）计算，需计及桩侧负摩阻力时，桩底土层沉降计算荷载应计入下拉荷载 Q_n^g；

$$s_2 = \psi_{s2} \sum_{i=1}^{n} \frac{\Delta p_i}{E_{si}} l_i \tag{1.3.30}$$

式中　Δp_i——第 i 层土的平均附加应力增量（kPa）；

　　　　l_i——第 i 层土的厚度（mm）；

　　　　E_{si}——基础底面下第 i 层土的压缩模量（kPa）；

　　　　ψ_{s2}——复合地基加固区下卧土层压缩变形量计算经验系数，根据复合地基类型地区实测资料及经验确定。

③ 桩土共同作用形成复合地基时，桩帽以上垫层和填土层的变形应在施工期完成，在计算工后沉降时可忽略不计。

④ 处理松散填土层、欠固结软土层、自重湿陷性土等有明显工后沉降的地基时，桩帽以上的垫层和土层的压缩变形量（s_3），可按下式计算：

$$s_3 = \frac{\Delta (S-a)(S+2a)}{2S^2} \tag{1.3.31}$$

1.4　施　工

（1）预制桩可选用打入法或静压法沉桩，灌注桩可选用沉管灌注、长螺旋钻孔灌注、长螺旋压浆灌注、钻孔灌注等施工方法。

（2）持力层位置和设计桩长应根据地质资料和试桩结果确定，灌注桩施工应根据揭示的地层和工艺试桩结果综合判断控制施工桩长。饱和黏土地层预制桩沉桩施工时，应以设计桩长控制为主，工艺试桩确定的收锤标准或压桩力控制为辅的方法控制施工桩长。

（3）饱和软土地层挤土桩施工应选择合适的施工顺序，并应减少挤土效应，应加强对相邻已施工桩及施工场地周围环境的监测。

（4）所采用管桩必须具有出厂合格检测报告，并经采用回弹仪对桩身检测认定合格后方可使用。在工地堆放时，必须选择密实平整的场地或垫木支承，堆高不宜超过 5 层。应尽量减少管桩接头数量。对振动敏感的路段管桩宜采用静压法施工。管桩接桩焊接时应分层焊接，焊接层数不得小于 2 层，焊缝应达到二级焊缝要求。桩接头焊好后应自然冷却至少 5～8min，严禁用水冷却。截桩应采用正规的截桩器。

（5）灌注桩的混凝土宜由安装自动计量系统的搅拌站供应。采用长螺旋钻孔管内泵压法施工灌注桩时，混凝土坍落度宜 16～20cm；采用沉管法施工灌注桩时，混凝土坍落度宜 3～5cm；成桩后，桩顶浮浆厚度应小于 20cm。

（6）采用长螺旋钻孔管内泵压法施工时，必须在钻杆芯管充满混合料后开始拔管，严禁先提管后泵料；采用沉管法施工时，应在桩管内灌满混凝土后原位留振约 10s，再振动拔管，不得反插。

（7）如在沉管时水或泥有可能进入桩管，应先在桩管内注入高 1.5m 左右的封底混凝土，然后再沉管。沉管达到设计要求深度后，应立即灌注混合料，减少间隔时间，避免管底渗入水和泥浆，影响成桩质量。成桩过程宜连续进行，灌注成桩完成后，应注意桩头保护。

（8）桩顶标高应符合设计要求，桩头进入桩帽的长度应满足设计要求。桩帽宜现浇，预制时，应采取对中措施。桩帽之间应采用砂土、石屑等回填。施工桩帽前应清洗好桩头，桩帽达到设计强度后方可填土。桩帽以上 0.5m 范围内不得采用重型碾压设备施工。

（9）加筋垫层的施工应符合下列要求：

① 材料的运输、储存和铺设应避免阳光暴晒；

② 应选用较大幅宽的加筋体，两幅拼接时，接头强度不应小于原有强度的 70%；接头宜布置在桩帽上，重叠宽度不得小于 300mm；

③ 铺设时，地面应平整，不得有尖锐物体；

④ 加筋体铺设应平整，应用编织袋装砂（土）压住；

⑤ 加筋体的经纬方向与布桩的纵横方向应相同。

（10）加筋体之上铺设的垫层应选用强度较高的碎石、卵砾石填料，不得混有泥土和石屑，碎石最小粒径应大于加筋体孔径，应铺设平整。铺设厚度小于 300mm 时，可不作碾压，300mm 以上时应分层静压压实。

（11）垫层以上的填土，应分层压实，压实度应达到设计要求。

1.5 质量检验

桩网复合地基中桩、桩帽和加筋体的施工过程中，应随时检查施工记录，并应对照规定的施工工艺逐项进行质量评定。

1. 桩的质量检验应符合下列规定：

（1）就地灌注桩应在成桩 28d 后进行质量检验，预制桩宜在施工 7d 后检验；

（2）应挖出所有桩头检验桩数，并应随机选取 5% 的桩检验桩位、桩距和桩径；

（3）应随机选取总桩数的 10% 进行低应变试验，并应检验桩体完整性和桩长；

（4）应随机选取总桩数的 0.2%，且每个单体工程不应少于 3 根桩进行静载试验；

（5）对灌注桩的质量存疑时，应进行抽芯检验，并应检查完整性、桩长和混凝土的强度。

2. 桩的质量标准应符合下列规定：

（1）桩位和桩距的允许偏差为 50mm，桩径允许偏差为 ±5%；

（2）低应变检测 II 类或好于 II 类桩应超过被检验数的 70%；

（3）桩长的允许偏差为 ±200mm；

（4）静载试验单桩竖向抗压承载力极限值不应小于设计单桩竖向抗压承载力特征值的 2 倍；

（5）抽芯试验的抗压强度不应小于设计混凝土强度的 70%。

3. 桩帽的检验应包括下列内容：

（1）轴线偏位允许偏差为 15mm，抽检比例 5%；

（2）平面尺寸允许偏差为 30mm，抽检比例 5%；

（3）厚度允许偏差为 20mm，抽检比例 5%；

（4）混凝土强度符合设计要求，抽检比例 5%。

4. 加筋体的检测与检验应包括下列内容：

（1）各向抗拉强度，以及与抗拉强度设计值对应的材料应变率；

（2）材料的单位面积质量、幅宽、厚度、孔径尺寸等；

（3）抗老化性能；

（4）对于不了解性能的新材料，应测试在拉力等于 70% 设计抗拉强度条件下的蠕变性能。

1.6 工程实例

广梧高速 K12 + 448.5 ~ K12 + 597 试验段，全长 148.5m，共分为四标段，四段处理方式各有不同，每个路段均设置有重点断面，并埋设了监测仪器。

1.6.1　试验段概况

试验段工程地质情况如下：

（1）素填土：0～3.2m，褐黄色，很湿，主要由砂、页岩风化残积土及砂土回填组成，约含15%硬质物，土质结构疏松。

（2）粉质黏土：3.20～4.30m，灰黄色，软塑，土质不均匀，局部夹薄层砂土，土质黏性较差，手感粗糙。

（3）中砂：4.3～6.9m，灰白色，灰黄色，饱和松散，质较纯，局部含少量黏性土，颗粒均匀，分选性好。

（4）黏土：6.9～11.80m，灰黄色，青灰色，软塑，土质较均匀，黏性好，韧性强，含少量砂。

（5）粗砂：11.80～13.40m，灰黄色，饱和松散，石英颗粒不均匀，分选性差，其中孔深12.20～12.60m为淤泥质土，呈软塑状。

（6）强风化炭质灰岩：13.40～14.00m，灰黑色，岩石风化强烈，裂隙极发育，岩芯呈半岩半土状或岩碎块状，手折易断，约含30%强～弱风化岩块，锤击易碎。各段处理形式如表1.6.1和图1.6.1所示。

表 1.6.1　各标段处理形式

标段	长度（m）	桩　号	监测断面	垫层设置
a	39	K12+448.5～K12+487.5	K12+469	50cm厚碎石土垫层+1层钢塑土工格栅（CATT60-60）
b	35	K12+487.5～K12+522.5	K12+504	50cm厚碎石垫层+1层钢塑土工格栅（CATT60-60）
c	35	K12+522.5～K12+557.5	K12+540	1m×1m×0.4m桩帽+1层双向土工格栅（TGSG30-30）
d	39.5	K12+557.5～K12+597	K12+579	50cm厚砂垫层+2层双向土工格栅（TGSG30-30）

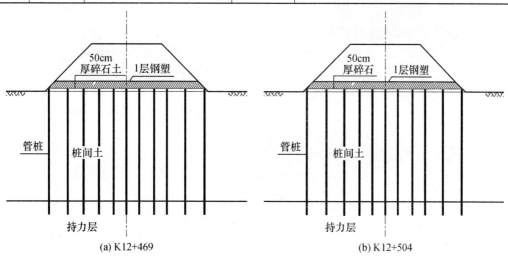

(a) K12+469　　　　　　　　(b) K12+504

图 1.6.1　各标段处理形式

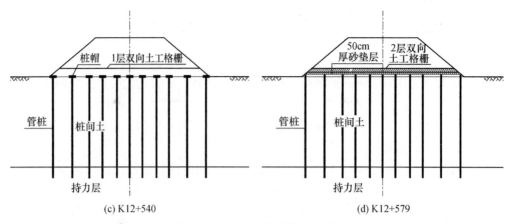

(c) K12+540   (d) K12+579

图 1.6.1　各标段处理形式（续）

采用 PHC 管桩直径 400mm，桩长 11～14m，间距为 2.5m，三角形布置。施工顺序：开挖或填筑至工作面标高→采用锤击法或静压法沉桩→现场浇筑桩帽→铺设下部碎石垫层→铺设土工格栅→铺设碎石垫层→填筑土基至交工面。现场施工及管桩检测情况如图 1.6.2。

(a) 预应力管桩施工   (b) 预应力管桩小应变测试

(c) 预应力管桩大应变测试   (d) 桩帽施工

(e) 桩帽养护   (f) 铺设土工格栅

图 1.6.2　现场施工及检测情况

四个标段中部各设置 1 个监测断面，用于对比不同形式桩网复合地基的加固效果，每个监测断面设置以下监测仪器（详见仪器埋设断面图，图 1.6.3）：

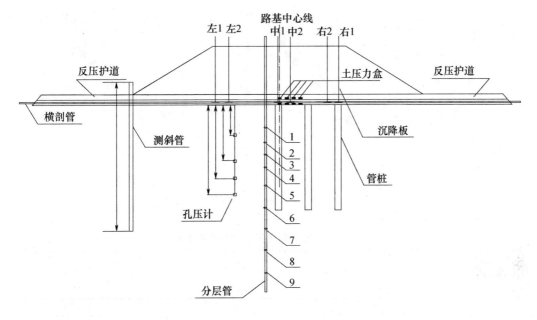

图 1.6.3 监测断面剖面简图

（1）表面沉降：每个监测断面设置 2 组表面沉降板，分别设在路中和坡肩处，每组 3 块，分别设在 4 根桩对角线交点处和桩顶上。

（2）分层沉降：每个监测断面设置 1 孔分层沉降，设置在路基中心线附近 4 根桩对角线交点处。

（3）水平沉降管：每个监测断面设置 2 根水平沉降管，1 根在 1 排桩的桩顶上方，1 根在 2 排桩之间。水平沉降管受施工干扰较小，主要用于卸载阶段、路面施工阶段及工后监测阶段。

（4）孔压测头：每个监测断面设置 1 组孔压测头，设置在 4 根桩对角线交点处，埋设深度根据现场地质资料进行调整。

（5）土压力盒：a 区、b 区、d 区，每个监测断面设置 16 只土压力盒。土压力盒分 2 层布置，分别在土工格栅上和土工格栅下，每层 8 只土压力盒，其中 2 只土压力盒布设在 2 根桩的桩顶上方，6 只土压力盒布设在桩之间。c 区的监测断面设置 32 只土压力盒，分两个区域埋设，为 c 区和 c1 区。c 区土压力盒分 3 层布置，分别布设在桩帽下、土工格栅下和土工格栅上，每层 8 只土压力盒，其中 2 只土压力盒布设在 1 个桩帽上（或下），6 只土压力盒布设在桩之间；c1 区土压力盒分为 1 层，共 8 只，2 只土压力盒布设在 1 个桩帽上（或下），6 只土压力盒布设在桩之间（图 1.6.4）。各断面土压力盒编号见表 1.6.2。

（6）测斜：在每个监测断面的坡角附近设置一孔测斜管，测斜管以进入软土层下面的硬土层 1～4m 或进入风化岩层，且不得短于管桩的长度。

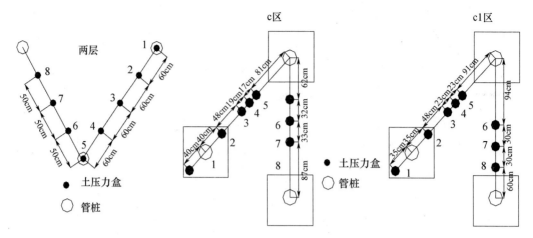

图 1.6.4　土压力盒埋设位置

表 1.6.2　各断面土压力盒编号汇总表

断面	K12+469		K12+504		K12+540（c）			K12+540（c1）	K12+579	
顺序号	第一层	第二层	第一层	第二层	第一层	第二层	第三层	第二层	第一层	第二层
1	49#	57#	35#	55#	47#	4359#	54#	02#	50#	48#
2	3084#	3166#	3078#	3128#	23#	4364#	53#	56#	3090#	3101#
3	31091#	2081#	3096#	32071#	3117#	4352#	3099#	3133#	31131#	3127#
4	3104#	3112#	3114#	3120#	3094#	4360#	3123#	1015#	3102#	3143#
5	31#	27#	30#	36#	31231#	1-4#	3118#	3085#	26#	52#
6	31041#	3105#	3073#	32393#	3110#	1-3#	3109#	3037#	3106#	3103#
7	31221#	3125#	3124#	1010#	3163#	3-2#	3075#	3136#	3152#	3079#
8	3108#	3122#	3121#	3148#	3110#	3-1#	3103#	3101#	3119#	3116#

1.6.2　试验成果分析

1. 沉降分析

由于各断面表面沉降较小，沉降量一般在 100mm 左右，不方便对比，选取 K12+469 断面对表面沉降的性状作一个说明。以右桩间土的沉降为例，由图 1.6.5 可以看到，桩间土的沉降曲线有明显的直线段和台阶，说明沉降具有一定的间歇性。

选取 K12+504、K12+540、K12+579 断面绘制差异曲线过程图进行对比分析，以路中为例，如图 1.6.6 所示。

由图 1.6.6 可以看到设置双层土工格栅减小差异沉降的效果最为显著，加设桩帽的效果次之，单层钢塑土工格栅的效果最小，稳定后的截面差异沉降在 40mm 左右。

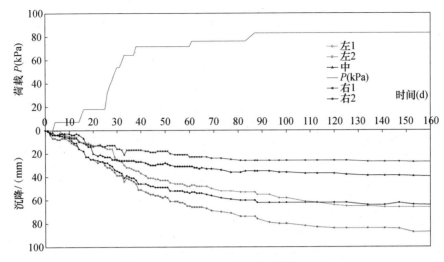

图 1.6.5 K12 + 469 断面表面沉降曲线

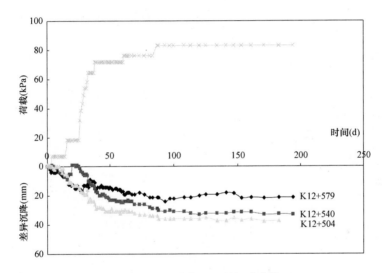

图 1.6.6 三个断面差异沉降曲线

2. 桩、土压力变化规律

选取具有代表性的部分数据,对不同褥垫层条件下的土压力数据的分析,主要从桩土压力比值的时效性和不同荷载水平下的桩-土压力的特性方面进行分析。图 1.6.7 ~ 图 1.6.10 是各断面的土压力-时间曲线。

由各图可以看到土压力随加载立即增长。加载过程中,桩顶的土压力数据较快增长,随后增长的速率减缓,而桩间土土压力数据在加载的前期存在明显的极值,而后逐渐减小,直至一段时间后继续缓慢增长,反映了桩土应力的一次较大调整过程。说明在加载的前期,土层由于瞬时沉降而下沉,并与管桩产生一定的错动,桩顶向上产生刺入变形,加筋垫层将大部分荷载传向刚度较大的管桩上,导致土压力到达峰值后的急剧下降;由于散体材料的滚动调节作用,土层承担荷载才逐渐增加。可认为桩体的这一时期的刺入是复合地基协调作用的第一个阶段,是由于土体的瞬时沉降引起的。

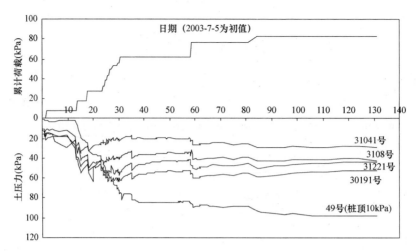

图 1.6.7　K12 + 469 土压力过程曲线

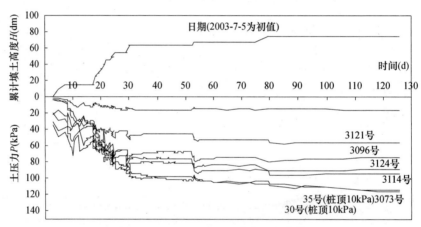

图 1.6.8　K12 + 504 土压力过程曲线

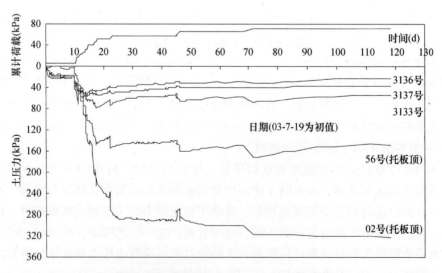

图 1.6.9　K12 + 540（c1）土压力过程曲线

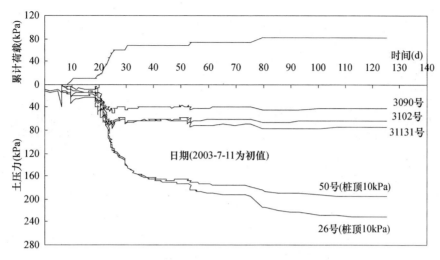

图 1.6.10　K12 + 579 土压力过程曲线

土压力峰值以 K12 + 469 最为显著,且出现的时间也较早,其次是 K12 + 504 断面、K12 + 579 断面,而 K12 + 540 断面(加设桩帽断面)最不显著。说明了 K12 + 469 断面(a 区)的处理方式在前期对应力调节较大,加设桩帽的 K12 + 540(c 区)断面桩土应力调整在前期幅度小,说明在前期加载桩体刺入量小,桩体与桩间土同步沉降或桩体沉降大于桩间土的沉降,由于变形差较小,土体承担的荷载逐渐增加。

3. 桩土应力比分析

以下结合现场土压力试验数据,对桩网复合地基的桩土应力比进行分析,以了解桩、土在加载过程中及满载状态下分担荷载的变化情况。

图 1.6.11 ~ 图 1.6.14 较好地反映了桩土应力比时程曲线的规律,桩土应力比在加载基本完成时到达了峰值,在随后的加载中,比值上下波动。这种情况反映了褥垫层在后期填土中对桩土应力的不断调整,是管桩在进入极限荷载状态下间歇式桩端刺入的反映。这时土压力随孔压的消散和固结变形而下降,加筋垫层将土压力减小的一部分调节给桩来承担,处于临界状态的桩承担了增加的荷载,当荷载积聚到一定值的时候,会产生相对的滑动,造成桩顶向褥垫层的一次再刺入,增大了刺入量,这样把荷载重新传给了桩间土,这个过程不断反复就造成了桩土应力比的不断波动,桩顶也不断的刺入褥垫层中,因此可将这个阶段作为复合地基协调工作的第二阶段,在这个阶段中,管桩桩顶通过间歇式的刺入垫层,不断地对桩土应力进行协调,以抵抗上部荷载,达到共同工作,第二阶段是由于土体的固结沉降而引起的。

K12 + 469 断面和 K12 + 504 断面在加载基本完成的 30d 左右达到峰值并稳定在一定的数值上,在随后的加载中,K12 + 469 在 80d 时经历了一次大的调整,K12 + 504 断面在 50d 和 80d 左右的时间上经历了两次大的调整,说明桩土在 30d 时基本结束了第一阶段调整,进入了第二阶段。而 K12 + 579 断面在 50d 时出现了峰值,而此时离加载基本完成时间有 20d 的时间间隔,充分反映了砂垫层调节应力缓慢。从图 1.6.11 ~ 图 1.6.14 中可以看到桩土应力比一直呈逐渐上升的趋势,无明显极值,波动现象也不明显。

将四个断面的桩土应力比-时间曲线绘入图 1.6.15,作一简单比较。

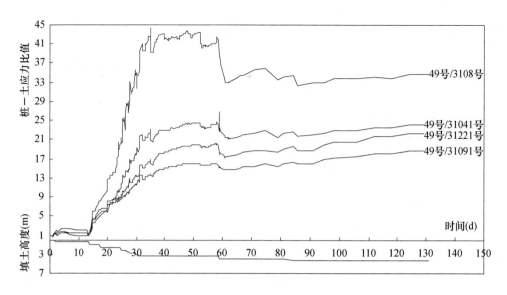

图 1.6.11　K12 + 469 桩土应力比-时间曲线

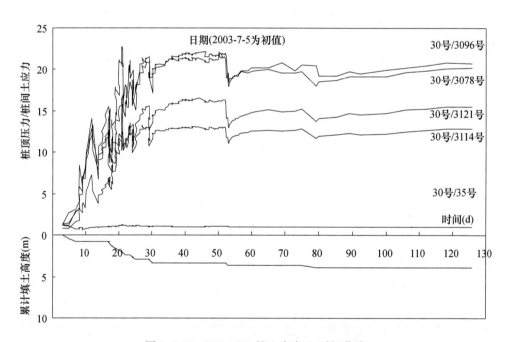

图 1.6.12　K12 + 504 桩土应力比-时间曲线

　　四个断面中以加设桩帽的 K12 + 540 断面的桩土应力比最大,达到了 53,且加载前期板顶产生应力集中,应力比大于 60,远远大于一般复合地基 3 ~ 20 的比值,另外由前面对桩土应力比时程曲线的图形特征分析可知,该断面的时程曲线不具备复合地基的一般特征,例如不存在明显峰值,未出现上下波动等,由此可见,加桩帽的管桩加固软土地基不同于普通复合地基。同时可以看到,除去 K12 + 504 断面,其余断面(尤其是桩帽断面和砂垫层断面)的桩土应力比曲线在波动的过程中还具有不断上升的趋势,上部荷载不断向桩顶集中，说明垫层后期调节效果不佳。

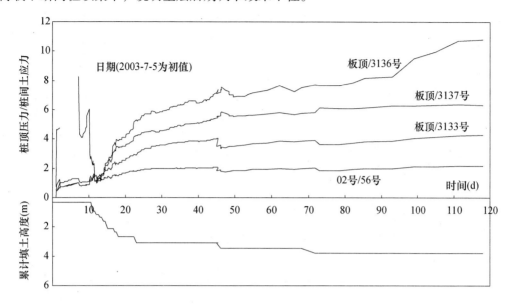

图 1.6.13　K12 + 540m（c）桩土应力比-时间曲线

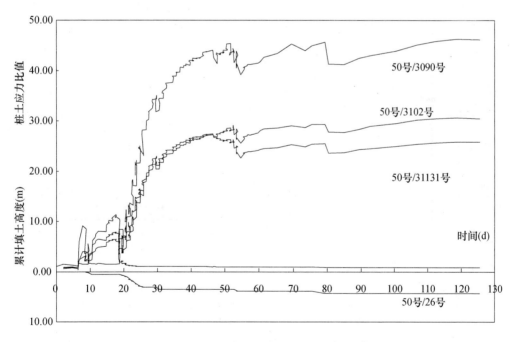

图 1.6.14　K12 + 579 桩土应力比-时间曲线

　　采用碎石垫层的 K12 + 504 断面，桩土应力比小于 18，在合理的范围以内，调节幅度也不大，且后期没有出现荷载不断向桩顶集中的问题，所以推荐采用碎石垫层。

　　土工格栅的设置层数对桩土应力比的变化也有明显的影响，在满足安全性的要求下不宜设置过多，其抗拉强度也不宜过大，以使其调节能力能够充分发挥。如断面 K12 +

579。图 1.6.16 是桩土应力比-荷载曲线。

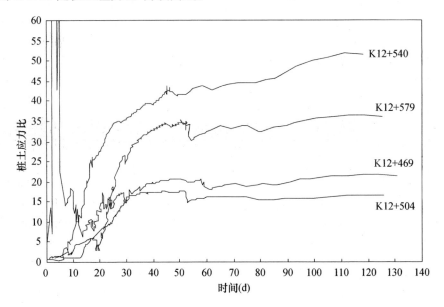

图 1.6.15　四断面桩土应力比-时间曲线

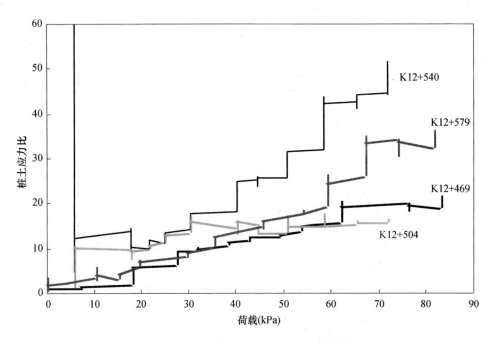

图 1.6.16　四断面桩土应力比-荷载曲线

　　图形曲线呈台阶状，每个"台阶"就是一个应力重分配的过程，说明了对应于加载过程的应力重新的分配及调整的速度是较快的，基本上在下级加载前调整就完成了。K12 +469 断面（a 区）的桩土应力比随荷载基本呈等台阶状上升的状态，后期有所下降，说明在整个加载过程中褥垫层一直较好的发挥了调节作用，碎石垫层是一种较好的填充材料。

加设桩帽的 K12 +540 断面（c 区）图形也呈台阶状，但是后期台阶高度加大，桩土应力比在后期提高速度加快，荷载迅速向桩体集中，说明单层格栅＋桩帽这一形式调节桩土荷载分配能力不佳。K12 +579 断面（d 区）出现了同样的问题，垫层中填料没有充分发挥作用，因而垫层设置是较为失败的。

就本例来讲，以碎石作为褥垫层填充材料效果较好，垫层刚度不宜太大，一层土工格栅就已足够，同时也说明在桩网复合地基的设计中，加筋垫层材料及其参数需要精心选择，必要时应通过室内外试验确认其效果，并总结经验，确保设计的合理性。

4．孔隙水压力分析

通过孔隙水压力观测可以对软土层中的孔隙水压力消散固结的变化进行动态的监控，分析地基的固结状态和稳定性。在桩网复合地基中进行孔隙水压力观测也可以对桩间土受力情况有一个了解。试验段的孔压过程曲线如图 1.6.17 ~ 图 1.6.20，孔隙水压力与荷载增量关系曲线如图 1.6.21 ~ 图 1.6.22 所示。

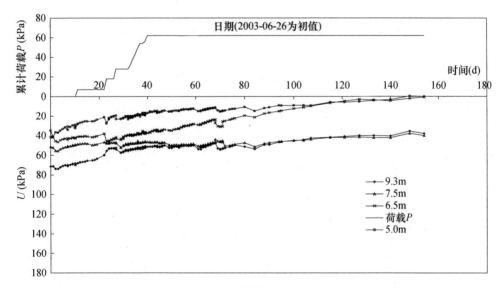

图 1.6.17　K12 +469 断面孔隙水压力-荷载-时间关系曲线

从图 1.6.22 中可以看出：

（1）在桩顶加盖桩帽后，在相同荷载下，桩间土孔压增量要远小于未加盖桩帽管桩桩间土的孔压增量，说明在相同的条件下，设置桩帽后，管桩承担的荷载增大。

（2）在相同荷载下，用砂垫层作为褥垫层，桩间土承受的荷载最大，不利于发挥管桩的承载力。

（3）采用碎石土垫层，当填土荷载超过 2.5m 后，在相同荷载下桩间土的应力增量开始增大，说明当达到一定填土厚度后，管桩与桩间土间的应力比开始调整，桩间土压力随荷载的增加而逐渐增大，而采用碎石垫层，孔压增量基本保持一种线性关系，说明碎石能很好地调整桩与桩间土的荷载。

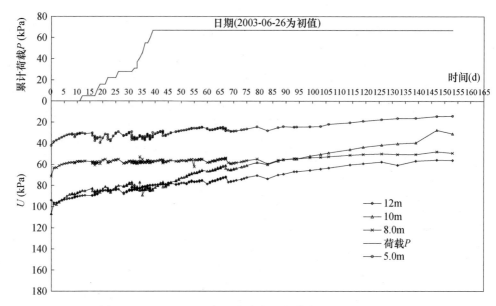

图 1.6.18　K12＋504 断面孔隙水压力-荷载-时间关系曲线图

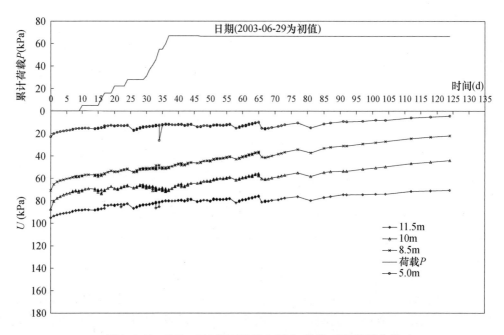

图 1.6.19　K12＋540 断面孔隙水压力-荷载-时间关系曲线

（4）从孔隙水压力-荷载图（图 1.6.22）上可以看到，孔压和累计荷载基本上呈线性关系，不存在急剧增大的情况，说明复合地基稳定性良好。此外还可从图 1.6.22 中了解到对应于每一级荷载，桩端深处孔隙水压力增长值最大，桩顶附近次之，桩体中间部位最小。

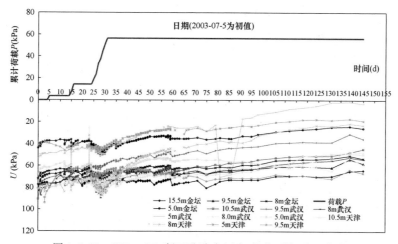

图 1.6.20　K12+579 断面孔隙水压力-荷载-时间关系曲线

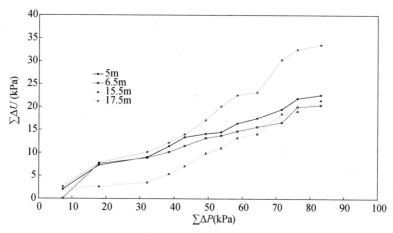

图 1.6.21　K12+469 断面孔隙水压力与荷载增量关系曲线

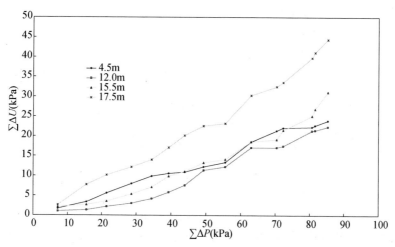

图 1.6.22　K12+504 断面孔隙水压力与荷载增量关系曲线

表明桩体能够将上部荷载有效地传递到深部较好土层，从而减轻浅部软弱土层的负担，达到减小沉降的目的。

5. 侧向位移分析

从测斜数据来看（图1.6.23），双层土工格栅控制路基侧向位移效果最为显著，其次是设置桩帽的截面，铺设单层钢塑格栅的两种截面侧向位移最大，其中铺设碎石垫层的截面控制效果要好一些。

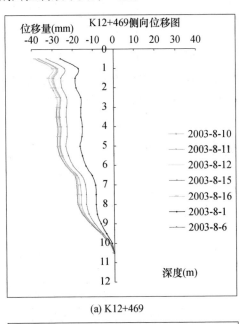

(a) K12+469

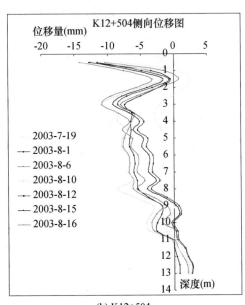

(b) K12+504

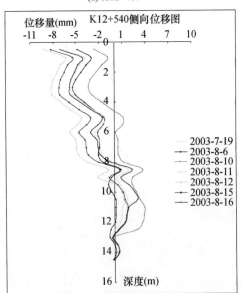

(c) K12+540

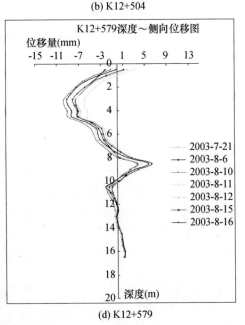

(d) K12+579

图1.6.23 四断面侧向位移

6. 综合分析

将四个断面的分析进行对比，可以将之分为两类：

　　K12 +469、K12 +504、K12 +579 断面的桩土应力比规律和沉降规律较为符合复合地基的特点，垫层对桩土应力比的调节表现明显，桩土变形协调，作用显著，是典型的的刚性桩复合地基。

　　K12 +540 为加设了桩帽的形式，桩土应力比超过了 50，且荷载不断向桩上集中，土的负担较轻，因此更接近于桩承堤。

　　对于第一类，可以运用柔性荷载下刚性桩复合地基的理论指导设计和施工，以充分挖掘桩间土的承载能力，减少用桩量，适用于桩间土性质相对较好的情况。

　　K12 +469 垫层填充材料为碎石土，K12 +504 为碎石，K12 +579 为粗砂，从分析上看，碎石效果最好，故作为填充材料，粒径不应过小，且不宜含有黏土等杂质。

　　K12 +469 和 K12 +504 断面采用了一层钢塑土工格栅（单向 CATT60-60），K12 +579 采用了两层双向土工格栅（TGSG30-30），K12 +579 断面出现了褥垫层刚度过大的问题，对散体材料流动造成阻碍，影响到桩土协调作用，所以土工格栅不宜设置过多。

　　第二类 K12 +540 断面加设了桩帽，桩体承担了较大的荷载，桩间土压力较为均匀，桩间土沉降也小，这就对桩体承载力提出了较高的要求，这种形式更适用于性质较差的软土地基。

1. 6. 3　小结

　　（1）设置双层土工格栅减小截面差异沉降的效果最为显著，加设桩帽的效果次之，铺设单层钢塑土工格栅的效果最小。

　　（2）桩网复合地基的协调工作可分为两个阶段，以桩土应力比达到极值为分界点，第一阶段的调整是由土体的瞬时沉降引起的，第二阶段的调整是由桩间土体的固结沉降引发的，由于褥垫层的调节作用，桩体间歇式的刺入垫层，不断地对桩土应力进行协调，以承担上部荷载，达到共同工作。

　　（3）桩网复合地基桩土应力比具有明显的时效性，在加载基本完成时到达了峰值，在随后的加载中，比值上下波动。

　　（4）桩端进入粗砂层中，并加设桩帽的管桩复合地基承载性能接近于桩承堤。桩帽和加筋垫层的设置都是调节桩体分担荷载的途径，在设计中需灵活应用。

　　（5）从碎石垫层表现的良好性状来看，填充材料的粒径不应过小，且不宜含有黏土等杂质，另外土工格栅也不宜设置过多，以免刚度过大，影响其协调变形的能力。

　　（6）从测斜数据来看，双层土工格栅控制路基稳定效果最为显著，其次是设置桩帽的截面，铺设单层钢塑土工格栅的截面侧向位移最大，其中铺设碎石垫层的截面控制效果要好一些。

1. 7　发展展望

　　关于桩网复合地基的研究，应继续结合实际工程开展室内外试验研究，对一些重要工程进行长期监测，积累相关数据，对设计方法不断进行改进。此外还应特别注意这一地基形式在动力作用下的响应问题。动力荷载对公路、铁路路基的影响，一直存在着较大的争议。目前桩网复合地基在高速铁路路基建设中已获得应用，其在列车等动载作用下的稳定性以及动载引起的沉降等问题亟待解决，国内外在这方面的研究尚不多见。此外，对桩网复合地基进行地震动力响应分析也有较高的应用价值，其中了解加筋垫层在地震荷载作用下的动力响应对保证整个体系有效承载具有重要意义，关于这方面的研究则需要借助于振动台试验、数值模拟等手段进行分析。

第2章 透水混凝土桩复合地基技术

2.1 概 述

我国属于地震多发国家，近些年的地震活动非常频繁，给国家和人民的生命和财产带来重大损失。但是，与其他一些国家相比，我国在抗震技术研究方面还较落后。发生在新西兰南岛的7.1级强地震仅造成2人受伤"(零死亡)，但同样震级的玉树地震则造成2698人死亡。这除了与建筑物本身抗震性能有关外，与地基抗震处理技术也有很大关系。地震来临时，由于地震荷载的往复作用，会造成地基液化，严重的液化现象会导致地面塌陷甚至开裂，引发建筑物倾覆；即便地基的液化程度较轻，如果不能及时消散液化产生的超静孔隙水压力，日后也会形成地质灾害，为人民生命和财产安全的带来威胁。在目前的地基处理方法中，复合地基技术发展很快，而且受到广泛应用。复合地基中的竖向增强体一般可用散体材料桩（如砂桩、碎石桩）、半刚性桩（如水泥土搅拌桩）和刚性桩（如素混凝土桩、CFG桩）。散体桩透水性强，但强度低，易破坏，其复合地基的承载力小且工后沉降大；刚性和半刚性桩强度高，但透水性差，影响地基固结，且不能消除由地震导致的地基液化。透水性混凝土桩是一种地基排水增强体，在加固地基的同时可以快速消散超静孔隙水压力。由于它兼顾排水性与强度，所以在地基抗震方面具有很大优势。

欧美、日本等一些发达国家较早开发透水性混凝土主要用于透水性路面材料，比如英国Abertay Dundee大学的Wolfram Schluter对混凝土的透水性能和排水性能进行研究，他们在苏格兰中心广场的皇家银行铺筑了透水性混凝土，结果表明，透水性混凝土在雨天具有很好的排水效果。最近几年对透水性混凝土展开了广为深入的研究。Montes等和Luck等研究了透水性混凝土的排水性能，另外，透水性混凝土孔隙率的测试方法也是研究重点。最近Mahboub等对透水性混凝土试验试件的压实方法进行了研究。美国Iowa State University对透水混凝土进行了比较全面的研究，包括透水混凝土的配比设计；集料对透水混凝土抗冻融性的影响；透水混凝土含气量的测量方法；养护方法对透水混凝土性能的影响；新拌透水混凝土的工作性；透水混凝土的施工和质量控制等。

我国对于透水性混凝土的研究起步较晚。1995年中国建筑材料科学研究院率先在国内进行透水性混凝土研制，取得了一定的成果。我国目前还没有制定透水性混凝土的设计规范、标准和施工技术规程。程晓天等的最新研究发现，单位体积水泥用量是影响透水性混凝土透水性能和力学性能的主要因素，其次为水灰比，而粗骨料颗粒级配的影响不明显。随着单位水泥用量和水灰比的增加，透水能力下降，力学性能增加。孙家瑛等研究发现通过合理配制，可以设计出28d抗压强度达25MPa以上、耐久性能优良、渗透系数大于 10mm/s 的透水水泥混凝土。清华大学的杨静和蒋国梁采用掺入硅灰的方法，使透水性混凝土的抗压强度提高到 35.5MPa，渗透系数达 2.9mm/s。霍亮等试验发现透水性混凝土渗透系数随孔隙率非线性增大。蒋正武等研究了若干因素如集料级配与粒径、集灰比、水灰比、外加剂及搅拌工艺等对多孔透水混凝土的空隙率、透水系数与抗压强度等性能的影响。徐飞等引入混凝土拌合物稠度状态等级的概念，提出了透水性混凝土配合比设计的优化方法。王琼等和卢育英等还研究了利用再生集料生产透水性混凝土技术。蒋友新等在透水混凝土中掺加环氧树脂来提高混凝土的强度，但是随着环氧树脂含量的增加，混凝土的透水性减小。

综上所述，目前对透水性混凝土的深入研究已经使其应用于复合地基成为可能，虽然针对复合地基的特性还有待于通过对透水性混凝土的基本力学特性如透水性、孔隙率模型等进行更为深入的研究。对复合地基的加固机理和设计方法，人们进行了大量研究，以上仅论述了少数学者的研究成果。但透水性混凝土桩特性与单纯的散体桩或刚性桩不同，它兼具排水和承载的双重特性，所以建立能反映排水和承载耦合效应的透水性混凝土桩复合地基理论体系还需要开展很多基础性的研究工作。

2.2　加固机理及适用范围

2.2.1　加固机理

透水混凝土桩是由特定级配的集料、水泥、外加剂、增强剂和水按特定比例和工艺制成的多孔混凝土，与普通混凝土不同，透水混凝土主要组成材料仅有少量的细集料或者不含细集料。透水混凝土桩桩体强度高，透水性强，兼具散体桩和刚性桩的优点，一方面在地基一定深度范围内，利用其自身强度提高浅层地基的承载力，减小软土地基的总沉降量；另一方面，形成竖向排水通道，缩短排水路径，有利于压缩层在施工期的排水固结，尽可能多地消除工后沉降；此外透水混凝土桩具有良好的抗震性能，在加固地基的同时，可以快速消散超静空隙水压力。由于它兼顾快速排水性和较高强度，用透水混凝土桩取代其他桩体，可以保证在透水性能的前提下，提高桩体的动态抗压和抗拉强度，从而加快由于地震引发的地基内超静空隙水压力的消散，提高地基的整体抗震能力。透水混凝土在工业和民用建筑、道路工程、市政工程及园林工程中得到推广应用，并取得了较好的效果。

2.2.2　适用范围

（1）适用于地下水位高、地质条件差、建设工期短、质量要求高的高液化土场地路基工程。透水混凝土是由特定级配的集料、水泥及外加剂等原料经特殊成型工艺制成，具有大量贯通性空隙（通常在 5% ～30% 并多为直径超过 1mm 的大孔），其渗透系数一般介 2.0～5.4mm/s 之间，有的甚至达到 1.2cm/s，因此具有优良的排水特性，对于地下水位高、地质条件差、建设工期短、质量要求高的高液化土场地路基工程，可在施工过程中迅速排出地基内的水，减小工后沉降。

（2）处治路基填高的小桥涵及桥头地基。近几年，我国大力进行高速公路建设，高速公路路堤一般较高，且桥涵较多，而且常常需要穿越具有不利地基的地段。从已建软土路基的高速公路运行情况看，工后沉降较大，造成比较严重的"桥头跳车"现象。桥涵一般采用桩基础，工后沉降很小，而路堤工后沉降较大，不均匀沉降造成"桥头跳车"。而用透水混凝土桩处治路基填高的小桥涵及桥头地基，可加速土体在施工过程中的排水固结，有效减小工后不均匀沉降。

（3）抗震设防区的中等及以上液化土场地。地震过程中，地基内产生的超静孔隙水压力不能及时消散，会造成地基喷砂冒水或沙土流动，导致地基液化。对于抗震设防区的中等及以上液化土场地，采用透水混凝土桩复合地基技术，不仅能够有效抑制地震期间地基内超静孔隙水压力的产生，提高地基土的强度，防止地基发生液化，而且能有效协调地震期间土体的变形，抑制上部建筑共振的发生。

（4）较厚的淤泥土层及高灵敏度的淤泥质土层等软土场地。标准贯入度试验锤击数 $N \leqslant 10$、密实度为松散的砂性土场地，未经处理的欠固结土，有效桩身长范围内有较厚的中等液化、严重液化土层的场地，采用透水混凝土桩复合地基。一方面，施工期间可以使地基土快速排水固结，减小工后沉降；另一方面，透水混凝土桩的高承载性能，可有效提高地基的承载能力。

（5）无腐蚀性、轻腐蚀性、弱腐蚀场地。特殊情况下，具有中等腐蚀场地若采用透水混凝土桩复合地基，应进行专门防腐蚀设计，对场地土和地下水中含有硫酸盐的腐蚀环境下应用透水混凝土桩，桩身混凝土应优先采用抗硫酸盐的硅酸盐水泥，或掺入抗硫酸盐外加剂，或掺加矿物掺合料。对透水混凝土桩中的混凝土有腐蚀作用时所采取的防腐蚀措施，主要根据《工业建筑防腐蚀设计规范》（GB 50046）的有关规定，并结合透水混凝土桩桩体多孔性的结构特点提出来。在微腐蚀环境下可不采取防护措施，在弱腐蚀环境下宜采取有效的防护措施，在中腐蚀环境下应根据《工业建筑防腐蚀设计规范》（GB 50046）的有关规定采取切实有效的防护措施。

2.3　设　计

2.3.1　准备工作

透水混凝土桩复合地基设计前，应按国家现行有关标准进行岩土工程勘察，重点查明各土层的厚度和组成、含水率、密实度、颗粒组成及含量、塑性指数、渗透系数、有机质含量、地下水位、pH 值、腐蚀性等，应根据工程地质情况、建（构）筑物结构类型、荷载性质、沉管设备（静压、锤击）、施工条件、施工经验等经综合分析后选用。按场地复杂程度，选择有代表性的部位进行成桩工艺性试验，类似条件下试验数量不宜少于 3 根。根据施工工艺和现场评价，可考虑选用单桩、并联桩（复合桩）、串联桩（组合桩）等多元复合地基形式。

2.3.2　透水混凝土桩复合地基承载力设计

（1）桩径、桩间距应根据处理后复合地基承载力、单桩承载力、施工工艺、土层情况综合考虑。方案设计时，桩径宜取 300～500mm，桩间距宜为 3～6 倍桩径。

（2）一般在基础范围内布桩，特殊情况下可考虑在基础外增加护桩。排列桩体时，一般可按均布考虑，当上部荷载分布相差较大时，亦可按非均匀布桩。对于软弱黏性土层地基上大面积布桩时，为加快消减孔隙水压力和增强挤土效应，应合理控制布桩密度。

（3）桩顶和桩间土上部必须设褥垫层，褥垫层材料宜采用中砂、粗砂、碎石或级配良好的砂石等，不宜选用卵石，最大粒径不宜大于 30mm、不应大于 50mm；褥垫层的厚度应根据复合地基置换率及桩间土的性质进行具体设计确定，一般宜取 150～300mm。

（4）褥垫层铺设范围宜超出基础边缘 500mm，虚铺厚度按压实系数计算确定；褥垫层填筑完成后宜由地基中心线向外侧设置横向排水坡，坡度不宜小于 4%，并应在四周设置排水沟。

（5）复合地基承载力特征值应通过复合地基载荷试验，或采用增强体载荷试验结果和其周边土的承载力特征值结合经验综合确定。初步设计时，复合地基承载力特征值也可按下列公式估算：

$$f_{spk} = \beta_p m R_a / A_p + \beta_S (1 - m) f_{sk} \qquad (2.3.1)$$

$$m = d^2 / d_e^2 \qquad (2.3.2)$$

式中　A_p——单桩截面积（m^2）；

　　　R_a——单桩竖向抗压承载力特征值（kN）；

　　　f_{sk}——桩间土地基承载力特征值（kPa）；

　　　m——复合地基置换率；

　　　d——桩体直径（m）；

　　　d_e——单根桩分担的地基处理面积的等效圆直径（m）；

　　　β_p——桩体竖向抗压承载力修正系数，宜综合复合地基中桩体实际竖向抗压承载力和复合地基破坏时桩体的竖向抗压承载力发挥度，建议取值 1.0；

　　　β_s——桩间土地基承载力修正系数，宜综合复合地基中桩间土地基实际承载力和复合地基破坏时桩间土地基承载力发挥度，建议取值为 0.5～0.9。

（6）透水混凝土桩复合地基竖向增强体为刚性桩，其竖向抗压承载力特征值应通过单桩竖向抗压载荷试验确定。初步设计时，由桩周土和桩端土的抗力可能提供的单桩竖向抗压承载力特征值应按公式（2.3.3）计算；由桩体材料强度可能提供的单桩竖向抗压承载力特征值应按公式（2.3.4）计算：

$$R_a = u_p \sum_{i=1}^{n} q_s i l_i + \alpha q_p A_p \qquad (2.3.3)$$

$$R_a = \eta f_{cu} A_p \qquad (2.3.4)$$

式中：R_a——单桩竖向抗压承载力特征值（kN）；

　　　A_p——单桩截面积（m^2）；

　　　u_p——桩的截面周长（m）；

　　　n——桩长范围内所划分的土层数；

q_{si}——第 i 层土的桩侧摩阻力特征值（kPa）；

　l_i——桩长范围内第 i 层土的厚度（m）；

q_p——桩端土地基承载力特征值（kPa）；

α——桩端土地基承载力折减系数，建议取值为 1.0；

f_{cu}——桩体抗压强度平均值（kPa）；

η——桩体强度折减系数，建议取值为 0.33。

（7）复合地基处理范围以下存在软弱下卧层时，下卧层承载力应按下式验算：

$$p_z + p_{cz} \leqslant f_{az} \tag{2.3.5}$$

式中　p_z——荷载效应标准组合时，软弱下卧层顶面处的附加压力值（kPa）；

p_{cz}——软弱下卧层顶面处土的自重压力值（kPa）；

f_{az}——软弱下卧层顶面处经深度修正后的地基承载力特征值（kPa）。

（8）复合地基承载力的基础宽度承载力修正系数应取 0；基础埋深的承载力修正系数应取 1.0。修正后的复合地基承载力特征值（f_a）应按下式计算：

$$f_a = f_{spk} + \gamma_m (D - 0.5) \tag{2.3.6}$$

式中　f_{spk}——复合地基承载力特征值（kPa）；

γ_m——基础底面以上土的加权平均重度（kN/m^3），地下水位以下取浮重度；

　D——基础埋置深度（m），在填方整平地区，可自填土地面标高算起，但填土在上部结构施工完成后进行时，应从天然地面标高算起。

2.3.3　变形计算

（1）复合地基的沉降由垫层压缩变形量、加固土层压缩变形量（s_1）和加固区下卧土层压缩变形量（s_2）组成。当垫层压缩变形量小，且在施工期已基本完成时，可忽略不计。复合地基沉降可按下式计算：

$$s = s_1 + s_2 \tag{2.3.7}$$

式中　s_1——复合地基加固区复合土层压缩变形量（mm）；

s_2——加固区下卧土层压缩变形量（mm）。

（2）复合地基加固区复合土层压缩变形量（s_1）可按下列公式计算：

$$s_1 = \psi_p \frac{Ql}{E_p A_p} \tag{2.3.8}$$

式中　Q——桩顶附加荷载（kN）；

　l——桩长（mm）；

E_p——桩体压缩模量（kPa）；

A_p——单桩截面积（m^2）；

ψ_p——桩体压缩经验系数，宜综合考虑刚性桩长细比、桩端刺入量，根据地区实测资料及经验确定。

（3）复合地基加固区下卧土层压缩变形量（s_2），可按下式计算：

$$s_2 = \psi_{s2} \sum_{i=1}^{n} \frac{\Delta p_i}{E_{si}} l_i \tag{2.3.9}$$

式中　Δp_i——第 i 层土的平均附加应力增量（kPa）；

　　　l_i——第 i 层土的厚度（mm）；

　　　E_{si}——基础底面下第 i 层土的压缩模量（kPa）；

　　　ψ_{s2}——复合地基加固区下卧土层压缩变形量计算经验系数，根据复合地基类型地区实测资料及经验确定。

（4）作用在复合地基加固区下卧层顶部的附加压力宜采用等效实体法计算。

（5）透水混凝土桩复合地基工后沉降 s_r 可按总沉降计算值减去工期沉降实测值作为工后沉降预测值。

（6）当桩端持力层之下没有软弱下卧层时，桩端下卧层压缩量绝大部分将在工期内完成，在计算工后沉降时可不考虑桩端持力层的工后沉降。

2.3.4　稳定分析

（1）在复合地基稳定分析中，所采用的稳定分析方法、计算参数、计算参数的测定方法和稳定安全系数取值应相互匹配。

（2）复合地基稳定分析可采用圆弧滑动总应力法进行分析。稳定安全系数应按下式计算：

$$K = \frac{T_s}{T_t} \tag{2.3.10}$$

式中　T_t——荷载效应标准组合时最危险滑动面上的总剪切力（kN）；

　　　T_s——最危险滑动面上的总抗剪切力（kN）；

　　　K——安全系数。

（3）复合地基竖向增强体长度应大于设计要求安全度对应的危险滑动面下 2m。

（4）复合地基稳定分析方法宜根据复合地基类型合理选用。

2.4　施　工

（1）透水混凝土桩的施工宜采用振动沉管法进行施工。

（2）成孔设备就位后，必须平整、稳固，确保在成孔过程中不发生倾斜和偏移。应在成孔钻具上设置控制深度和沉管垂直度的标尺，或者用专业测量仪器进行测量，并应在施工中进行观测记录。

（3）应根据土质情况和荷载要求，分别选用单打法、反插法和复打法等。

（4）混凝土的充盈系数不得小于 1.0；对于充盈系数小于 1.0 的桩，应全长复打，对可能断桩和缩颈桩，应采用局部复打，局部复打应超过断桩或颈缩区 1m 以上。成桩后的桩身标高应不低于设计标高。

（5）全长复打桩施工应符合下列规定：

① 全长复打时，沉管入土深度宜接近原桩长，第一次灌注混凝土应达到自然地面；

② 拔管过程中应及时清除粘在管壁上和散落在地面上的混凝土。

③ 初打和复打的桩轴线应重合；

④ 复打施工必须在第一次灌注的混凝土初凝之前完成。

（6）透水混凝土桩强度达到设计要求后，方可进行桩头处理。

（7）桩顶超灌高度或多余浆液凿除处理时不得造成桩顶设计标高以下桩身断裂和扰动桩间土，出现桩身断裂和扰动桩间土时，应报告设计单位处理。

（8）桩头处理完毕后，应尽快进行褥垫层铺设，以防止桩间土被扰动。

（9）褥垫层底面宜设在同一标高上，如深度不同，基坑底土面应挖成阶梯或斜坡搭接，并按先深后浅的顺序进行垫层施工，搭接处应夯压密实。

（10）褥垫层的施工方法、分层铺填厚度、每层压实遍数等宜通过试验确定。褥垫层应铺设均匀，允许偏差 ±10mm。除下卧软土层的垫层应根据施工机械设备及下卧层土质条件确定厚度外，一般情况下，垫层的分层铺填厚度可取 100～150mm，宜采用静力压实法。

（11）当垫层底部存在软硬不均的部位时，应根据建筑对不均匀沉降的要求予以处理，并经检验合格后，方可铺填垫层。

（12）当地下水位较高影响褥垫层铺设或者基础底面下桩间土的含水量较高影响褥垫层夯实时，应进行降水处理。夯实方法宜根据基础底面下桩间土的含水量的情况，分别采用静力压实法或动力压实法；对于较干的砂石材料，可适当洒水后再进行振动夯实。

（13）褥垫层铺设夯实后，若粗颗粒的碎石沉陷明显，而导致面层级配不均时，可在面层增补适量的粗颗粒碎石后，继续振压或夯实。

2.5　质量检验

（1）透水混凝土桩质量检验主控项目应包括水泥及外掺剂质量、桩数、桩位偏差、桩身混凝土强度、桩身完整性、单桩承载力和复合地基承载力。

① 施工前应对水泥、外掺剂、沉管、接桩用材料等产品质量进行检验。

② 施工前应对施工机械设备及性能进行检验。

③ 施工前应对桩位放样偏差进行检验。

④ 当桩顶以及现场的标高经复核满足设计要求后才能进行褥垫层的施工，不满足时要对桩顶进行处理。

⑤ 对褥垫层的填料等材料质量的检验项目、方法和质量应符合国家现行有关标准的规定。

⑥ 混凝土制备应对原材料质量与计量、混凝土配合比、坍落度、混凝土强度等级进行检测并做好记录。

⑦ 透水混凝土桩施工时应检查桩位放样偏差、单桩灌注量、灌注时间、沉管提升速度、桩顶标高、垂直度。

⑧ 褥垫层的填料每层厚度以及质量必须进行检查，应在每层的压实系数符合设计要求后铺填上层土。

⑨ 检验褥垫层的施工质量时，取样点应位于每层厚度的 2/3 深度处。检验点数量，每 50～100m² 不应少于 1 个检验点。

（2）透水混凝土桩复合地基承载力检验应在桩身强度满足试验荷载条件，且宜在施工结束 28d 后进行单桩竖向抗压载荷试验、单桩与多桩复合地基载荷试验。

① 桩身完整性宜根据实际情况采用钻芯法验证检测。

② 单孔钻芯检测发现混凝土桩身质量问题时，应在同一桩体增加钻孔验证，并根据前、后钻芯结果对受检桩重新评价。

③ 单桩竖向承载力检验应采用单桩竖向抗压静载试验，检测桩数不应少于同条件下总桩数的 1%，且不应少于 3 根；当总桩数少于 50 根时，不应少于 2 根。

④ 单桩竖向抗压载荷试验除符合现行行业标准《建筑基桩检测技术规范》（JGJ 106）的有关规定外，尚应符合下列规定：

a. 检测时宜在桩顶铺设粗砂或中砂找平层，厚度不宜大于 20mm；

b. 找平层上的刚性承压板直径应与透水混凝土桩的设计直径一致。

⑤ 复合地基承载力检验应按现行行业标准《建筑地基处理技术规范》JGJ 79 中的有关规定执行。

⑥ 符合下列条件的透水混凝土桩，应由勘察、设计单位确定适当增加复合地基承载力检验数量：

a. 桩端持力层为遇水易软化的土层；

b. 石灰岩岩溶地区的风化土层场地。

⑦ 透水混凝土桩桩身质量完整性检测或复合地基承载力检验后出现不合格的桩（点）时，应由建设、设计、施工、监理、检测部门共同分析原因，并确定处理方法。

2.6　工程实例

现场试验地点位于济南至东营高速公路 K159+534.5 处，与省道 S231 交口的西侧。该地区属黄河三角洲冲洪平原区，地质类型为河湖相沉积软弱土。土体的强度较低，韧性差，局部淤泥质含量较高；粉土摇振反应迅速，不稳定，承载力均较低。

2.6.1　试验段概况

地表均为耕地，地面标高 7.8m，地下水位为 2.7m。根据工程地质钻孔资料，该区域的地层主要由粉土及粉砂组成。其具体地质勘探资料见表 2.6.1。

表 2.6.1　桩体试验场地工程地质资料

层号	层底埋深（m）	层厚（m）	土质情况	含水率 %	表观密度 kN/m³	孔隙比	液限	塑限	压缩系数 MPa⁻¹	压缩模量 MPa
				ω	γ	e	W_L	W_P	a_{1-2}	E_s
1	0.6	0.6	素填土	—	—	—	—	—	—	—
2	5.30	4.70	粉土	25.9	18.5	0.809	27.7	18.3	0.23	7.86

续表

层号	层底埋深（m）	层厚（m）	土质情况	含水率 %	表观密度 kN/m³	孔隙比	液限	塑限	压缩系数 MPa⁻¹	压缩模量 MPa
				ω	γ	e	W_L	W_P	a_{1-2}	E_s
3	6.50	1.20	粉质黏土	37.3	18.1	1.044	42.9	26.6	0.62	3.51
4	10.20	3.70	粉土	28.9	19.8	0.678	29.6	18.7	0.26	8.32
5	11.50	1.30	粉质黏土	38.1	18.2	1.029	43.7	26.3	0.52	3.90
6	13.60	2.10	粉砂	—	—	—	—	—	—	—
7	21.20	7.60	粉土	19.7	20.4	0.556	24.5	16.8	0.18	8.90
8	24.90	3.70	粉质黏土	33.0	19.2	0.846	36.3	22.7	0.42	4.47
9	30.00	5.10	粉砂	—	—	—	—	—	—	—

2.6.2　工程设计方案

该区域为 S231 分离式立交的桥头处，路堤填土高度 8.0m，处理长度 56.74m，宽度 56.98m。复合地基施工完毕后，需进行路堤分层碾压，每层 0.2m。图 2.6.1 所示为复合地基桩体布置图。

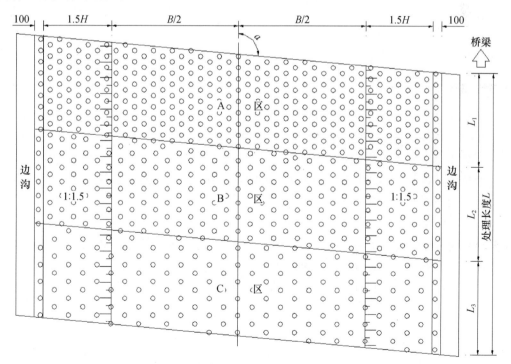

图 2.6.1　复合地基处理桥头平面分区布置图

根据设计方提供的施工图设计说明书，整块地基共划分为 A、B、C 三个区域，原设计方案采用水泥土搅拌桩进行地基处理，各区域的技术指标见表 2.6.2。

表 2.6.2　桥头复合地基处理各分区技术指标

分区	桩距（m）	置换率	复合地基承载力（kPa）
A 区	1.5	0.101	>200
B 区	1.8	0.070	>170
C 区	2.0	0.057	>150

根据复合地基承载力设计要求，路堤主要承载力区域内桩长 15m，而各区域边坡处的桩长为 10m，如图 2.6.2 所示。

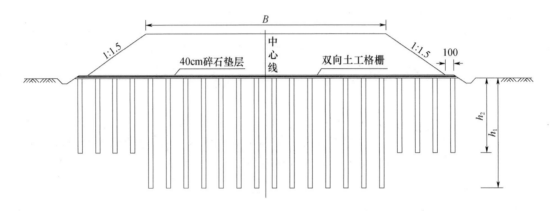

图 2.6.2　桩长分布示意图

2.6.3　透水性混凝土施工配合比设计

由于透水性混凝土材料是多孔隙非密实型混凝土，而且在具有大量孔隙的同时还要保证一定的强度，所以在原料的选取、配合比设计及制备方面与普通混凝土材料有很大不同。

1. 透水性混凝土现场制备原材料

透水性混凝土主要由粗集料、水泥、外加剂以及水配合而成。

（1）粗集料

作为透水性混凝土材料透水性与强度的主要影响因素——粗集料，粗集料有单一、间断、连续三种级配形式。为了实现透水性与强度的平衡，一般选择单一级配的粗集料制备透水性混凝土，且最大粒径不超过 25mm[19]。

本试验采用的粗集料为粒径 5～10mm 单一级配的碎石，其物理指标如表 2.6.3 所示。

表 2.6.3　粗集料物理指标

粒径（mm）	表观密度（g/cm³）	堆积密度（g/cm³）	孔隙率（%）	压碎值（%）	含泥量（%）	针片状颗粒含量（%）
5～10	2.605	1.616	38.26	8.8	0.4	4.6

（2）水泥

作为制备透水性混凝土的胶结材料，水泥的性能决定了这种多孔结构的强度，如果水泥的工作性能较差，在传递荷载时会导致粗集料颗粒间的黏结层发生破坏，影响透水性混凝土材料性能的发挥。为了实现透水性与强度的平衡，水泥的用量在刚好包裹住粗集料表面时最佳，一般为 $250 \sim 350 \mathrm{kg/m^3}$。

本试验所用水泥产自滨州沾化，为崇正牌 $42 \cdot 5$ 级矿渣硅酸盐水泥，其性能指标如表 2.6.4 所示。

表 2.6.4　水泥性能指标

密度 (g/cm³)	0.08mm 方孔筛余 (%)	凝结时间（min）		抗折强度（MPa）		抗压强度（MPa）	
		初凝	终凝	3d	28d	3d	28d
2.98	3.7	150	280	4.3	8.6	23.1	52.2

（3）减水剂

减水剂的使用是为了提高混凝土的和易性。由于水灰比对透水性混凝土强度与孔隙率的影响，在制备透水性混凝土时要加入一定量的减水剂，以提高拌合料的流动性。

本试验所用的减水剂是萘系高效减水剂。该类型减水剂具有良好的减水性，减水率为 15%～30%，可以大幅度提高混凝土的和易性，使初始坍落度增大 10cm 以上；在保障强度与坍落度的同时，可减少 10%～25% 的水泥用量，其性能指标如下：

表 2.6.5　减水剂性能指标

外观	含固量（%）	pH 值	水泥净浆流动度（mm）	密度（g/cm³）
棕黄色粉末	94	8～10	>230	1.63±0.02

2. 透水性混凝土施工配合比

根据研究成果，使用体积法进行透水性混凝土配合比设计。以目标孔隙率为控制参数，通过堆积密实的集料空隙率与最优水灰比，推导水泥和水的用量，过程如下：

$$\frac{m_\mathrm{c}}{\rho_\mathrm{c}} + \frac{m_\mathrm{w}}{\rho_\mathrm{w}} + P = V \tag{2.6.1}$$

$$m_\mathrm{c} = (V - P) \frac{\rho_\mathrm{c}\rho_\mathrm{w}}{\rho_\mathrm{w} + \rho_\mathrm{c} R_\mathrm{wc}} \tag{2.6.2}$$

$$m_\mathrm{w} = m_\mathrm{c} R_\mathrm{wc} \tag{2.6.3}$$

式中：m_c、m_w 分别为每 $1\mathrm{m^3}$ 透水混凝土所需水泥和水的质量（kg）；ρ_c、ρ_w 分别为水泥和水的密度（$\mathrm{kg/m^3}$）；P 为目标孔隙率；V 为粗集料在紧密堆积状态下的空隙率；R_wc 为初始水灰比。

本试验考虑透水混凝土的目标孔隙率对其强度和透水性能的影响，采用目标孔隙率 15% 进行透水性混凝土材料配合比设计，水灰比取值范围为 0.36～0.40，所需要粗集料的质量由紧密堆积密度确定，考虑实际情况乘以折减系数 0.98，减水剂的掺量为水泥用量的 1.0%。

根据式 2.6.2 及式 2.6.3，单位体积透水混凝土配合比如表 2.6.6 所示。

表 2.6.6　透水性混凝土配合比

目标孔隙率（%）	水泥（kg/m³）	水（kg/m³）	粗集料（kg/m³）	减水剂（kg/m³）
15	334	120	1585	3.34
	325	123		3.25
	316	126		3.16

3. 施工配合比修正

在使用表 2.6.6 中的透水性混凝土初步设计配合比进行现场施工时，发现材料的和易性较差，主要是流动性与黏聚力，从而影响施工效率与工程质量。

透水混凝土材料作为一种单一级配碎石水泥混凝土材料，如果其流动性较差，则在灌筑成桩时易发生材料密实度不均匀，桩身局部松垮，导致成桩后出现断桩或缩径，桩身整体性不良，强度受到影响。

透水性混凝土材料是水泥浆包裹集料颗粒而成的水泥混凝土材料，如果其黏聚性较差，则混凝土中的水泥浆在施工过程中容易与集料发生分离，且在处理地下水位较高的地基时，混凝土灌入地下遇水后水泥浆在水中容易发生分散。

因此，透水性混凝土材料的流动性与黏聚性决定了透水性混凝土桩的成桩质量。

为了使透水性混凝土具有更好的和易性，在初步设计配合比的基础上加入了化学添加剂与早强剂，经过试验对掺量的调整，最终设计出适用于现场施工的配合比，如表 2.6.7 所示。

表 2.6.7　透水混凝土施工配合比　　　　　　　　　　　　kg/m³

水泥	水	集料	减水剂	早强剂	化学添加剂
325	123	1585	3.9	0.2	3.9

按照配合比设计得出的透水性混凝土材料，在具备抗分散性的同时，又具备一定的流动性。图 2.6.3 所示为透水性混凝土材料施工情况，可见其流动性符合要求。

(a) 搅拌站拌和后　　　　　　　　　　　(b) 透水混凝土现场浇筑

图 2.6.3　透水性混凝土材料现场施工状况

现场施工时，随机采取透水性混凝土成桩材料，按照规范制作立方体抗压试样 [图 2.6.4（a）所示]，每组抽样 3 块。在养护室内按照标准养护 28d 后测试其抗压强度。最终得出 7 组（共 21 块）试件的平均抗压强度 f_c 为 20.7MPa，符合设计预期。

(a) 随机取样　　　　　　　　　　　(b) 抗压强度测试

图 2.6.4　现场材料强度检测

2.6.4　透水性混凝土桩现场试验设计

1. 试验方案

（1）根据施工设计说明书，现场试验设计了四种类型的复合地基，包括水泥搅拌桩复合地基、透水性混凝土桩复合地基、碎石桩复合地基及透水-碎石桩串联复合地基。各类型桩的桩径均取 0.5m，桩长为 10～15m。其中，串联桩由 7.0m 长的透水性混凝土桩（上部）和 3.0m 长的碎石桩（下部），或者 10m 长的透水性混凝土桩（上部）和 5.0m 长的碎石桩（下部）竖向串联组成。各类型复合地基桩间距均取 1.8m，布设为正三角形。

（2）选择图 2.6.1 中 B 区右侧的边坡范围作为主要试验区域，如图 2.6.5 所示。在边坡底部 B1～B4 区域内布置试验桩。使用振动沉管法进行透水桩、串联桩及碎石桩现场施工。

（3）待桩体成型 28d 后，用小应变仪检测桩身完整度；对桩体钻芯以观察成桩质量，测试桩芯的孔隙率、渗透系数及强度指标；对复合地基进行静力触探及标准贯入试验，与天然地基的试验参数进行对比；对透水桩及串联桩进行单桩承载力测试，对各类型复合地基进行地基承载力测试。

（4）对于搅拌桩、透水桩及碎石桩，在图 2.6.5 所示的试验区域选择边坡最外侧的桩体，在距离桩体 0.3m 处埋设动态孔隙水压力传感器，埋设深度如图 2.6.6（a）所示，同时在桩头及孔压传感器埋设点处布设加速度传感器；利用强夯带来的振动模拟地震作用，在强夯模拟地震试验阶段使用动态孔隙水压力传感器记录不同桩型复合地基内孔隙水压力的瞬时变化，利用加速度传感器同步记录桩头部位及传感器埋设处桩间土的加速度变化规律。

（5）以上测试完成后，选择试验区域的右侧（边坡区域的最内侧）桩体，在桩头及桩间土上布置土压力盒，并在距桩 0.3m 处埋设不同深度的静态孔隙水压力传感器，如图 2.6.6（b）所示。处理完毕后，在地基表面铺设 40cm 厚度的砂垫层及土工格栅，然后开始进行路堤分层施工。该工期内利用先前布设的静态孔隙水压力传感器记录地基固结过程中不同桩型复合地基内孔隙水压力的变化情况，同时利用土压力盒测试各类型复合地基的桩土应力比。

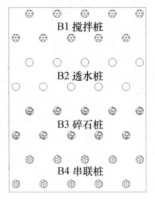

图 2.6.5　试验段桩体平面布置图

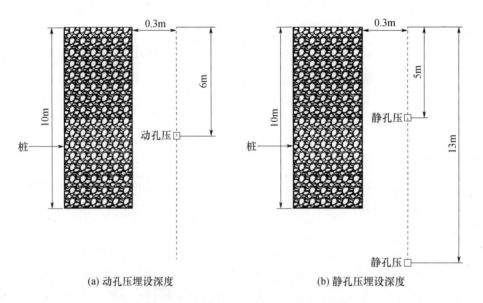

(a) 动孔压埋设深度　　　　　　　　　　(b) 静孔压埋设深度

图 2.6.6　孔隙水压力传感器埋设示意图

2. 施工工艺

透水桩采用振动沉管法进行施工。为避免施工对相邻已成桩质量产生不利影响，采用隔桩跳打法施工。

振动沉管法施工工艺如下：

（1）桩机进入现场，根据设计桩长、沉管入土深度确定机架高度和沉管长度，并进行组装。

（2）桩机就位：按照设计桩位放置桩尖，桩尖为混凝土预制（也可用钢材预制）并与沉管契合良好，使装置具有良好的密封性，以防止水进入沉管中；桩机需保持水平、稳固，调整沉管与地面垂直，确保垂直度偏差不大于1%。

（3）启动马达，沉管到预定标高，停机。

（4）按调整好的配合比配制混合料，混合料由拌和站集中拌和。搅拌时首先加入骨料和 20% 左右的水，搅拌 30s，然后将剩余的水、外加剂等混合一起加入搅拌机，搅拌 1min。

（5）待沉管打入地下至桩体设计长度后必须尽快用料斗进行空中投料，直到管内混合料满足桩体设计用量。如上料量不够，需在拔管过程中进行补充投料，以保证成桩后桩顶标高满足设计要求。其充盈系数根据试桩结果确定。

（6）投料完毕后，开动马达，沉管原地留振 10s，然后边振动边拔管，拔管速度控制在 2.2～2.5m/min；如遇淤泥或淤泥质土，拔管速度可适当放慢；在拔管过程中遇到管内材料黏滞不出，可捶击管壁，并进行反插，每次反插留振 10s。

（7）当桩管拔出地面后，若发现桩顶有浮浆，应将浮浆段去除，然后用透水性混凝土封顶。然后根据隔桩跳打法移机继续施工，施工过程中做好施工记录。

（8）施工结束 28d 后，检查桩身质量、透水性及复合地基承载力等是否满足设计要求。

2.6.5　不同复合地基地震时孔隙水压力变化情况对比分析

为了研究地震发生时不同类型复合地基的抗震和抗液化能力，本节利用强夯模拟地震作用，通过对该作用下水泥搅拌桩、透水性混凝土桩及碎石桩复合地基 6m 深度处的孔隙水压力以及对应桩体和桩间土加速度瞬时变化规律的实时监测，对比分析了不同强度的地震荷载作用下不同类型的复合地基的瞬时排水能力。

试验采用三一重工 SQH350 型强夯机将 10t 重的夯锤提升至 10m 的高空，使其自由落体，模拟地震作用，每个夯点夯击 4 次。图 2.6.7 为现场地震模拟过程。

图 2.6.7　强夯模拟地震过程

1. 震源较远时不同复合地基减压抗震性能分析

图 2.6.8 所示为强夯点距离试验桩体 8m 远时，模拟地震作用下三种桩型复合地基 6m 深度处的孔隙水压力值归零后随时间发展变化曲线，图 2.6.9 为模拟地震作用下三种类型复合地基桩间与桩体土加速度瞬时变化曲线。

由图 2.6.8 所示的强夯第一击规律可见，透水性混凝土桩基内部超静孔压在地震动作用初期发生剧烈的波动变化，在 0.3s 左右开始进入稳态，并缓慢下降，虽然地震后超静孔隙水压力高于碎石桩，但是下降速率与碎石桩相近，而水泥搅拌桩桩基在经历地震后，内部的超静孔隙水压力值最大，且在进入稳态后保持向上发展的趋势，这说明透水性混凝土桩有良好的排水性，可以较快地消散地震引发的超静孔隙水压力。

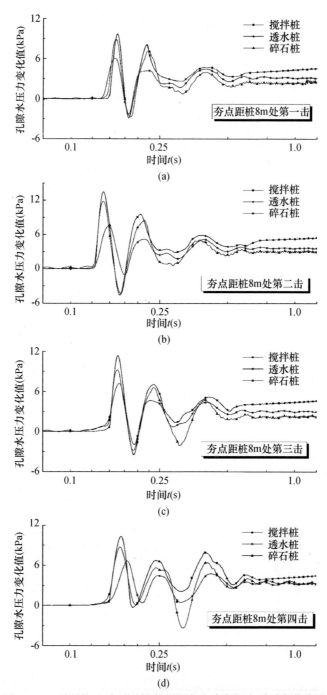

图 2.6.8　震源较远时不同复合地基内孔隙水压力瞬时变化曲线

　　当强夯进行第二击时，三种复合地基内部超静孔隙水压力的变化增大。可知强夯第二击开始，复合地基的液化更加严重，但是相较其他复合地基，透水性混凝土桩复合地基内的超静孔隙水压力的变化峰值最小，这种情况一致持续到最后，并且在第四击完成后，透水性混凝土桩复合地基内超静孔隙水压力已经小于碎石桩复合地基。由此可得：透水性混凝土桩复合地基表现出很好的排水效应。

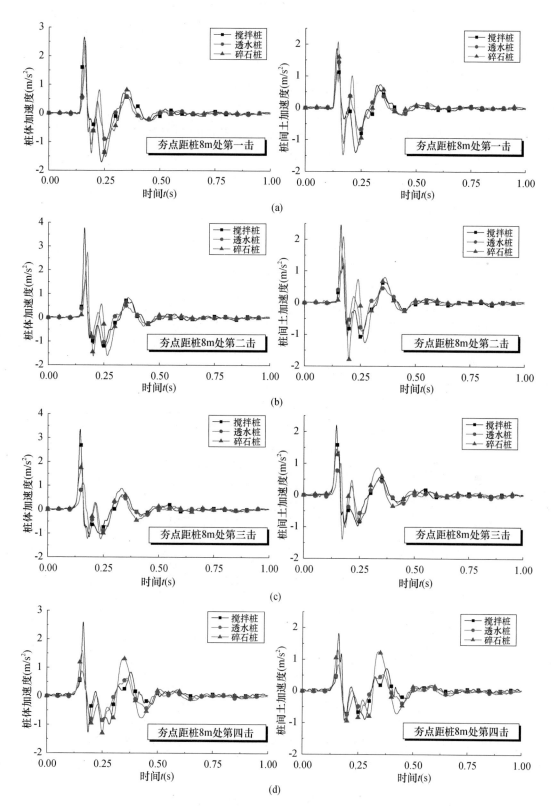

图 2.6.9　震源较远时不同复合地基桩体与桩间土加速度瞬时变化曲线

在地震来临时，复合地基内出现超静孔隙水压力，不规则的往复动荷载作用会导致超静孔隙水压力的大小出现波动。图2.6.8中，不同复合地基内超静孔隙水压力瞬时变化过程中均出现了3个峰值，第一个峰值最大，随后逐渐削弱。对比发现，透水性混凝土桩复合地基的超静孔隙水压力峰值最小，这说明透水性混凝土桩的刚度与强度较大，提高了整个复合地基的强度，从而提升了复合地基的抗震能力，这一点在图2.6.9中也可以得到验证，因为地震过程中透水性混凝土桩及桩间土表面的加速度与其他复合地基的相比最小。

由以上论述可知，透水性混凝土桩在地震强度较低时，可以快速消散地基内产生的超孔隙水压力，降低地基液化程度，同时能够显著减小地基的加速度响应。所以透水性混凝土桩是通过减压减震耦合效应来提升复合地基抗震效果的。通过与水泥搅拌桩和碎石桩相对比，说明透水性混凝土桩有着更好的减压抗震性能。

2. 震源较近时不同复合地基减压抗震性能分析

图2.6.10所示为强夯点距离试验桩体4m远时，模拟地震作用下三种桩型复合地基6m深度处的孔隙水压力值归零后随时间发展变化曲线，图2.6.11为模拟地震作用下三种类型复合地基桩体及桩间土表面加速度瞬时变化曲线。

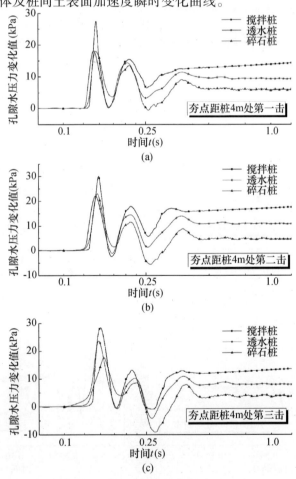

图2.6.10　震源较近时不同复合地基内孔隙水压力瞬时变化曲线

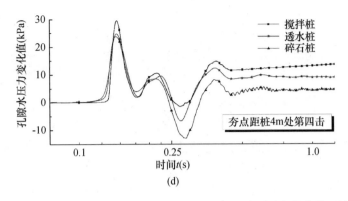

(d)

图 2.6.10　震源较近时不同复合地基内孔隙水压力瞬时变化曲线（续）

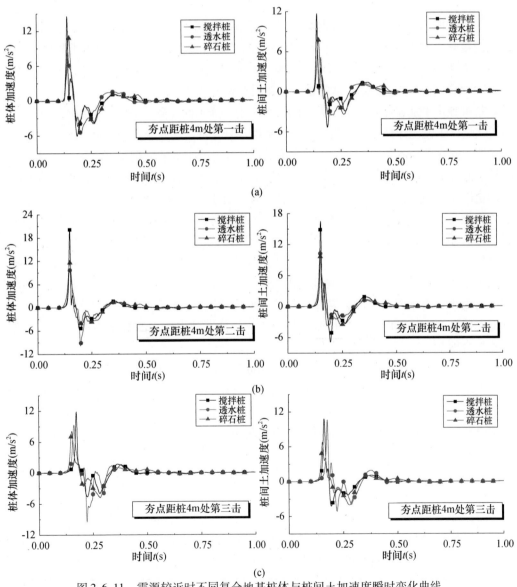

图 2.6.11　震源较近时不同复合地基桩体与桩间土加速度瞬时变化曲线

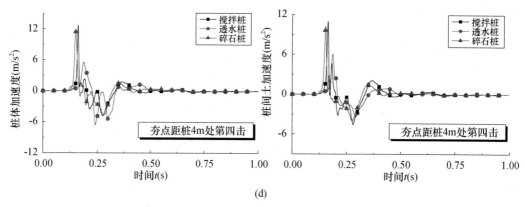

(d)

图 2.6.11　震源较近时不同复合地基桩体与桩间土加速度瞬时变化曲线（续）

由图 2.6.11 可知，当震源距离复合地基较近时，复合地基桩体及桩间土表面的加速度显著增大，说明此时复合地基承受的地震能量增大。对照《中国地震烈度表》（GB/T 17742—2008）发现，透水性混凝土桩与碎石桩复合地基遭受的地震烈度已经达到 IX-X 级，而搅拌桩复合地基的地震烈度已经高达 X-XI 级。

从桩顶水平加速度幅值上来看，除去第三击，透水性混凝土桩的水平加速度最小，碎石桩次之，水泥搅拌桩最大，明显大于透水性混凝土桩。这一规律在桩间土加速度瞬时变化对比上同样得到体现。这一结果再次说明透水性混凝土桩的刚度最大，保持地基上下连续性的能力最强。因此在抗震性能方面，透水性混凝土桩有比另外两种桩体更好的表现。

由图 2.6.10 可以看出，地震强度增大后，透水性混凝土桩复合地基的超静孔隙水压力峰值与碎石桩复合地基的相差不大，对比说明透水性混凝土桩的排水效果有了衰减，但即便如此，透水性混凝土桩的排水效果依旧明显强于水泥搅拌桩。但是相较地震强度较弱时，其排水效果的下降比碎石桩的明显。这是因为强震作用下，地基内的超静孔隙水压力急聚上升，此时影响桩体排水性的主要因素已经不再是桩体的强度，而是空隙率的大小。由于碎石桩的孔隙率较大，所以强震下的排水性要好于透水性混凝土桩，当地震持续时间较长时，碎石桩复合地基内的超静孔隙水压力的变化要小于透水性混凝土桩复合地基。

结合图 2.6.8 及图 2.6.9 发现，地基内超静孔隙水压力的变化情况与复合地基加速度的大小关系密切，当桩体与桩间土表面加速度增大时，复合地基内超静孔隙水压力随之增大，从这一方面可以看出，如果桩土作用可以削弱地震传递的加速度，则可以降低地基内超静孔隙水压力的变化幅值，相应地减小地基液化程度。

2.6.6　路堤施工阶段复合地基排水性能及桩土应力比测试分析

1. 路堤施工阶段复合地基排水性能测试

该区域为 S231 分离式立交的桥头处，路堤填土高度 8.0m，路堤施工采用分层碾压法，每层 0.2m 厚。在施工过程中利用先前埋下的静态孔隙水压力传感器，记录了四种复合地基及天然地基的排水情况，结果如图 2.6.11 所示。

由图 2.6.12（a）可见，路堤施工期间天然地基深度 5m 处会产生较大的超静孔隙水压力，水泥搅拌桩复合的超静孔隙水压力变化也比较大，但是其变化峰值仅达到天然地基峰值的一半，而碎石桩复合地基、透水-碎石串联桩复合地基、透水性混凝土桩复合地基在路堤分层施工阶段的超静孔隙水压力较小。因为水泥土搅拌桩的渗透系数较小，在路堤分层填筑过程中产生的超静孔隙水压力不能及时被消散，促使地基内部积累了较大的超静孔隙水压力；由图 2.6.12（b）可见，在地基深度 13m 处（已超过桩体长度），不同复合地基的超静孔隙水压力随施工的进行都明显增大，但是碎石桩、串联桩及透水性混凝土桩复合地基的孔压增加幅度相对较小，说明利用透水性混凝土桩与透水-碎石串联桩处理地基有助于地基深处超静孔隙水压力的消散。

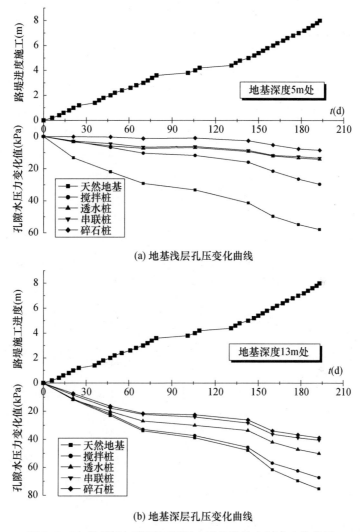

图 2.6.12 路堤施工期间不同复合地基孔隙水压力变化曲线

2. 路堤施工阶段不同复合地基桩土应力比测试

路堤施工前，在桩头及桩间土上布置土压力盒，处理完毕后，在地基表面铺设 40cm 厚度的砂垫层及土工格栅，然后开始进行路堤分层施工。施工过程中，测试的不同复合地基的桩土应力比如图 2.6.13 所示。

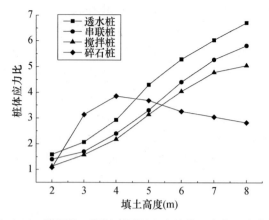

图 2.6.13　路堤施工期间不同复合地基桩土应力比变化曲线

由图 2.6.13 表明，随着上覆路堤荷载的增加，水泥搅拌桩、透水性混凝土-碎石串联桩及透水性混凝土桩复合地基的桩土应力比逐渐增大。但是对于碎石桩复合地基，路堤填高 4m 前桩土应力比逐渐增大，超过 4m 后则逐渐减小。这是因为相比较其他桩型，碎石桩强度低，当上覆荷载到达一定值时，桩体不足以支撑更大的承载力，使多余的荷载被土体承担。而由于透水性混凝土桩在四种桩型中强度最高，上覆荷载变大时它的压缩量最小，分担的上覆压力比其他桩体多，所以其应力比最大。

2.6.7　小结

（1）在地震强度较低时，由于透水性混凝土桩的强度最高，其复合地基的动孔隙水压力变化幅值最小，又因为透水性混凝土桩的高透水性，对于震后超静孔隙水压力的消散也比较快，其效果与碎石桩接近。证明透水性混凝土桩有良好的减压抗震效应。

（2）在地震强度较大时，影响复合地基内动孔隙水压力变化的主要因素是桩体的孔隙率，而非强度。

（3）在地震动作用下，复合地基中桩体的表面加速度大于桩间土，且透水性混凝土桩表面的加速度小于碎石桩及搅拌桩。这说明透水性混凝土桩有着更显著的减震效果。

（4）在路堤分层施工过程中，对比碎石桩与水泥搅拌桩复合地基，透水性混凝土桩复合地基内超静孔隙水压力的变化值较小，说明透水性混凝土桩具有很强排水性能。

（5）在路堤填筑过程中，碎石桩的桩土应力比先增大后减小，水泥搅拌桩、串联桩及透水性混凝土桩的桩土应力比逐渐增大，且透水性混凝土的最大。

2.7　发展展望

透水性混凝土桩的施工工艺有待进一步研究。在现场试验时我们利用振动沉管法进行了施工，但因为透水性混凝土孔隙大，地下水很容易进入。所以施工中需要保证水泥初凝前，地下水位在桩体以下，目前主要通过降水达到目的，这增加了施工成本，有待进一步对施工工艺进行深入系统研究，并确定合理的工艺参数。现场试验只是在黄泛区开展的，尚需在其他区域进行类似试验，来判断透水性混凝土桩复合地基的可推广性。

第3章 爆夯动力固结技术

3.1 概　述

3.1.1 简介

常规的软基处理方法有很多种，常用的排水固结堆载预压法的主要优点是技术可靠，造价经济，缺点是需要大量的土石方和较长的预压时间。而在许多情况下，由于土石资源缺乏、运输条件不便利，或者工期紧迫等原因，限制了排水固结堆载预压方法的应用。动力固结法就是为了弥补上述条件的不足而发展起来的一类排水固结和动力作用相结合的方法。经过多年的实践和发展，强夯动力固结法已经有了一些成功的经验，但强夯法处理软基的深度有限。爆夯动力固结法则结合软基竖向和水平向排水通道，利用炸药爆炸引起的扰动使得软基加速沉降，达到类似堆载预压的效果。与强夯动力固结法相比，爆夯法的工期更短，加固影响深度大，而且造价更为经济。

爆夯动力固结法是一种新的软土地基排水加固处理方法。其基本方法为：先在软土内设置一定的竖向排水通道（如砂桩、袋装砂井或塑料排水板等），根据需要在软土地基上填土加载（一般略高于设计地面标高），待填土产生的沉降基本稳定后，再在软基中埋设竖向垂直条形药包，利用爆炸产生的强烈扰动，使软土强度降低，继续产生附加压缩沉降，同时利用软土中的排水通道快速排水，最终达到与超载预压相同的效果。经过此法处理后的软土地基，软土层含水量明显降低、强度增大及工后沉降减少，其加固效果类似超载预压加固。

在和顺—北滘公路试验段工程中，原设计选取了170m（分为55.0m、55.0m和60.0m三段）长一段路基进行爆夯试验，以中间隔离带为分界，其中半幅45m宽。170m长路基进行爆夯动力固结试验，相邻半幅45.0m路基采用堆载预压作为对比试验。在三段爆夯试验区内，采用不同的排水体间距和不同的爆破参数进行试验，以检验爆夯的处理效果，并取得爆夯设计参数。由于环境影响等原因，爆夯工作受到阻碍，仅6-2号区和8-2号区的一部分进行了一次爆夯试验。为了检验爆夯的处理效果，在爆夯处理之后，对爆夯区6-2号区又进行了堆载验证试验，堆载强度同对比段。用爆夯之后再堆载地基发生的沉降与未作爆夯处理段的地基进行对比，就可以大致说明爆夯处理的效果。原拟作为爆夯试验区，但未作爆夯的地段，进行了堆载预压，达到与其他地段同样的处理效果。

3.1.2　试验目的

通过本次试验，拟达到以下目的：

（1）检验爆夯动力固结法处理软基的效果；

（2）通过试验研究，确定爆夯动力固结法的设计参数；

（3）通过对比试验，制订爆夯动力固结法的质量检验方法；

（4）探索和总结爆夯动力固结法的施工工艺。

3.1.3　地质条件

本次爆夯动力固结试验段选在佛山市和顺—北滘公路干线拟建路段，位于海八路至东平路之间。该地段已于 2003 年 8 月进行了地质勘探，并于 2003 年 11 月又进行了补充地质勘察。试验路段的地质条件大致可以描述如下：

（1）地貌

试验段场地位于南海桂城东侧，该场地属于珠江三角洲冲积平原，现状为稻田，后经过人工平整，现地势较为平坦。

（2）地质剖面

根据勘察报告，软弱地层发育，主要是冲积形成的淤泥和淤泥质土。将该场地各地层岩性特征自上而下分述如下：

① 粉质黏土（Q^{ml}）①-1

灰黄色~灰色，软塑状，湿饱和，尚不含植物根系，为耕植土，下部以灰色淤泥土为主。厚度在 0.80~2.50m 之间，平均厚度为 1.32m。

② 粉土（Q^m）②-1

灰色~灰绿色，稍密状，很湿，含云母碎片，见层理，土质不均匀，上部夹淤泥层，下部夹厚层的粉砂、细砂。天然孔隙比 $e = 1.301$，厚度 1.10~4.30m，平均厚度 3.00m。

③ 淤泥（Q^m）②-2

灰色，软塑状，饱和，含植物碎屑，见层理，局部粉粒含量高。天然含水率 $W = 60.6\%$，天然孔隙比 $e = 1.701$，厚度 1.70~5.20m，平均厚度 3.59m。

④ 淤泥质黏土（Q^m）②-3

灰色，软塑状，饱和，含植物碎屑，夹粉土、粉砂，土质不稳定，局部相变为粉土，该层天然含水率 $W = 46.0\%$，厚度 0~2.40m，平均厚度 1.53m。

⑤ 淤泥质黏土（Q^m）②-4

灰色，软塑状，饱和，含植物碎屑，见层理，下部含贝壳类残骸。天然含水率 48.1%，厚度 1.70~3.20m，平均厚度 2.47m。

⑥ 贝壳层（Q^m）

灰色，松散状，饱和，以砂、贝壳混淤泥为主，砂含量 40%~70%，贝壳含量 20%~30%，厚度 0.40~1.60m，平均厚度 0.94m。

⑦ 粗砂层（Q^{pl+dl}）④

灰黄~灰白色，稍密~中密状，饱和，含贝壳类残骸，粉质含量 5%~15%，砾石含量 10% 左右。标贯击数 $N = 15$ 击，埋深 11.60 ~ 13.30m，未揭穿。

爆夯试验地段的软弱地层主要为粉砂层下的淤泥及淤泥质土层，平均厚度在 11 ~ 12m，修筑路堤后易产生较大沉降，必须进行处理。

3.1.4 周边条件

爆夯法处理软基试验场地周围为农田及当地村民的 2 ~ 4 层小楼，为框架式结构。爆夯处理区域西侧约 60m 处为居民楼，东侧为农田，北端距离海七东路约 100m。试验段里程为 K3 + 550 ~ K3 + 720。该地段长 170.0m，宽 45m，原设计分成 8-2 号、7-2 号和 6-2 号三部分进行爆夯处理。爆夯试验段周边情况见图 3.1.1 环境平面图。

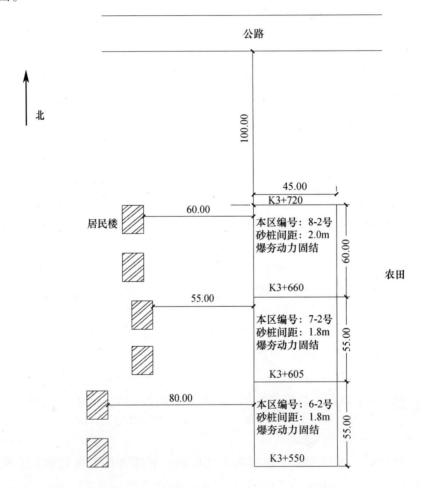

说明：
1. 图中尺寸单位均以 m 计。
2. 图中阴影线为居民楼标志。
3. 本次爆炸处理软基范围面积 7650m²，长 170m，宽 45m。

图 3.1.1 爆夯试验段周围环境平面图

3.2　设计与施工

3.2.1　设计要点

爆夯试验段和对比段均采用砂桩排水体，设计砂桩直径 D325，间距 1.8m×1.8m，深度 15.0m，打穿淤泥层进入淤泥下卧粉砂层 0.5m。水平排水层采用砂垫层，厚度 0.8m，水平向设置排水盲沟和集水井。集水井的位置设在道路的中心位置，为堆载预压区和爆夯处理区共用。

在考虑填土荷载、道路结构荷载和交通换算荷载作用下，软基的理论计算总沉降量 550mm，在路基填土时，将沉降量作为预留沉降量随路基填土填筑。在堆载预压对比区，预压荷载为 2.0m 土筑高度，折合荷载 36kPa，略大于实际荷载。

爆夯处理区原设计拟采用不同药量、分次爆破的方法，以确定最优单位体积用药量、合理爆破次数和合理的爆破孔间距等设计参数。在爆破处理之后，实测沉降达到基本稳定的情况下，结合对比段堆载预压土的卸载，将预压土堆填到爆夯处理区，验证爆夯处理的效果。

为了达到前述的试验目的，原设计拟在各个区段进行不同规律的爆夯参数对比试验，具体设计为：

（1）8-2 号区段：保持炮孔间距不变，进行不同药量的对比试验，确定最优的单耗值；

（2）7-2 号区段：保持药量不变，进行不同炮孔间距的对比试验，确定最优的炮孔间距值；

（3）6-2 号区段：根据前两个区段的试验结果，选择最优参数，但爆夯次数减少 1 次。

在实际施工中，由于周边居民的干扰，爆夯工作受到影响，仅在 6-2 号试验块、8-2 号试验块实施了一次爆破处理试验。

3.2.2　爆夯处理设计参数

炮孔间距参数：

根据地质报告，淤泥及淤泥质土的平均厚度约为 11～12m，故炮孔深度按平均深度为 12m 进行设计。6-2 号、8-2 号区段的爆夯处理炮孔孔距设计为 $a=4.0m$，呈方形布置。炮孔布置如图 3.2.1 所示。

但在实际施工中由于外界干扰等原因，只在 6-2 号区段作了一次比较完整的爆夯试验，试验面积 55m×30m。8-2 号区作了一次爆夯但不完整，根据实际情况，后改为堆载预压。

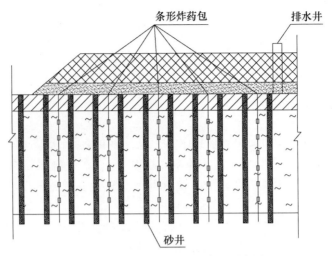

图 3.2.1　砂桩和爆夯处理断面示意图

3.2.3　周边保护

（1）爆夯振动控制

根据《爆破安全规程》（GB 6722—2003）的规定，对最大振速的计算采用萨道夫斯基公式：

$$V = K \left(\frac{Q^{1/3}}{R} \right)^{\alpha}$$

式中　　V——计算点所在地质点振动速度（cm/s）；

　　　　Q——爆破单响最大炸药量，齐发爆破取总药量，微差爆破取最大段药量；

　　　　K——与介质性质、爆破方式等因素相关的系数；

　　　　α——与传播途径和地质地形等因素有关的衰减指数；

　　　　R——测点距爆心距离（m）。

根据以往经验，饱和软土中爆炸时振动衰减很慢，取 $K = 350$，$\alpha = 1.8$，当距离为 60m 时，$V = 2.0$cm/s，最大安全药量 $Q = 39$kg。在实际施工时，根据现场监测结果随时调整爆破单响药量，并利用微差爆破技术降振。

（2）爆夯堵塞

孔口堵塞的长度为 5～6m，堵塞材料选用粗砂。炮孔内药柱之间堵满中粗砂，在回填砂土过程中可同时拔出套管。如此长的堵塞距离不会对周围产生任何影响。

3.2.4　爆夯处理施工工艺

爆夯处理软基的工艺流程：

（1）铺设砂垫层；

（2）打设竖向排水通道（砂井）；

（3）填土至交工面标高，填土按稳定性质要求控制速率，达到沉降基本稳定；

（4）深层爆夯；

（5）连续观测沉降，直至稳定；

（6）进行后续路面铺设工序。

3.2.5　爆夯作业的工序流程

爆夯工法流程如图 3.2.2 所示。

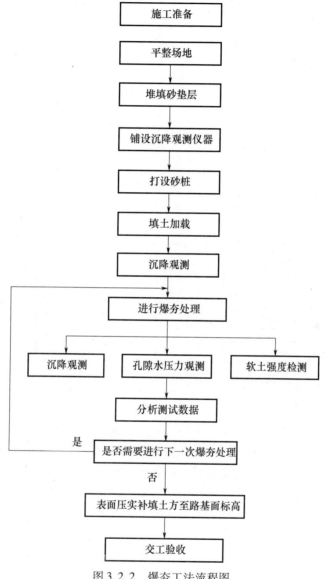

图 3.2.2　爆夯工法流程图

3.2.6　爆夯法处理操作要点 （图 3.2.3）

（1）施工准备

包括导爆索的切割、药串的加工等。导爆索和药卷的加工处理应在专用的房间或指定的安全地点进行，不在爆破器材存放间、住宅和爆破作业地点加工。

① 导爆索的切割

切割导爆索应使用锋利刀具，不应用剪刀剪断导爆索。

② 药串的加工

按照设计要求，在导爆索上绑扎一定数量的药卷，在药串的底部，采用袋装砂井用的编织袋进行封装，长度大约为 1m，为增加自重，利于装药时落入孔底，可在编织袋内装入适量砂子。药串底部结构见图 3.2.4。

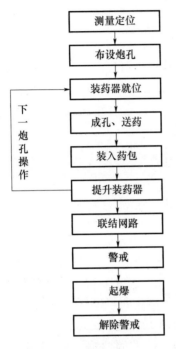

图 3.2.3　爆夯操作流程

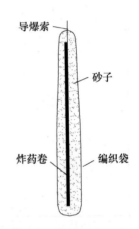

图 3.2.4　药串底部结构图

（2）测量定位

根据爆夯设计方案，在需爆夯处理的软基上定出炮孔位置，做上标记。

（3）装药

装药前要对每个炮孔的孔距、排距进行测量核对。核对完毕后用袋装砂井机作为软基爆夯处理的成孔机械，其成孔程序类似于袋装砂井成孔。

（4）提升装药器导管

为防止提升装药器导管时带上药包，可预先在药串底部绑扎一定长度的砂袋配重，确定落底后再提升装药器导管。待药串完全脱落后，移机至下一炮位进行作业。

（5）联结网路、警戒、起爆

每个炮孔的炸药均用导爆索引爆，采用事先设计网路对各炮孔进行联结。网路联结完毕后，设立岗哨，警戒距离不小于 150m，拉响警报。警戒完成后，确认警戒范围内无人员、车辆及其他安全隐患时即可起爆。

3.2.7　爆夯处理炸药用量

6-2 号区段爆炸处理时间为 2004 年 5 月 15 日，共埋设 90 个炮孔，其中 36 个炮孔间距为 3.6m，单孔装药量 3.4kg，炸药单耗 0.02kg/m³。5.4m 间距单孔实际装药量为 7.6kg，炸药单耗 0.022kg/m³。

8-2 号区段爆炸处理时间为 2004 年 5 月 19 日，共埋设 48 个炮孔，炮孔间距为 4.0m，单孔实际装药量为 6.2kg，炸药单耗 0.03kg/m³。

3.3　路基填土施工

爆夯试验地段路基设计填土总高度 3.0m，其中砂垫层厚度 0.8m，填土厚 1.7m，预留沉降量填土 0.5m 厚。路基砂垫层于 2003 年 12 月 8 日开始填筑，后续经过了打设砂井，于 2004 年 3 月 7 日路基填土到位。分别于 2004 年 5 月 15 日和 19 日，对 6-2 号和 8-2 号进行爆夯试验。

在填土过程和填土之后，对场地地基的沉降发展进行了观测，在路基填土到位之后，经过 68d，实测沉降基本稳定（沉降速率小于 0.5mm/d）。满足原设计关于待路基填土荷载作用下沉降基本稳定之后进行爆夯试验的要求。由于周边居民的干扰，爆夯处理试验没有按原定计划进行，仅在 6-2 号和 8-2 号地段进行一次爆夯固结试验。虽然仅进行一次爆夯固结试验，但是也取得了大量的试验实测数据和工程经验。

上述地块在做了一次爆夯试验之后，历时了 12 个月之后进行了堆载预压。软基在路基填土荷载作用下经历 12 个月的排水固结，于 2005 年 5 月份实测沉降速率为零，说明进行再堆载时软基的固结沉降已基本完成。在爆夯之后进行堆载预压的目的主要有二：一是未能完成既定的爆夯次数，软基处理尚未达到设计预定的要求，通过堆载预压消除残余沉降量；二是经过一次爆夯处理后进行再堆载，通过对比相邻地段堆载预压处理段的沉降量，可以合理地评价爆夯处理的效果。

6-2 号再堆载预压自 2005 年 5 月 31 日开始，3d 之后完成，在堆载的前后进行了沉降观测，沉降观测延续了 3 个月，观测资料基本上能反映地基在堆载作用之下的沉降发展规律，并有足够的数据推算地基的工后沉降。

3.4　观测仪器埋设与监测

3.4.1　观测仪器布设

爆夯处理段，共布置孔隙水压力传感器、沉降板、边桩和测斜等观测项目。具体埋设位置如图 3.4.1 所示。

（1）孔隙水压力观测

孔隙水压力观测目的是掌握爆后软基中孔隙水压力的变化情况，由此推测软土的强度变化情况，同时为两次爆夯处理的时间间隔做出合理推算。观测时应注意在爆前测试软土的孔隙水压力值，做好相应的记录。

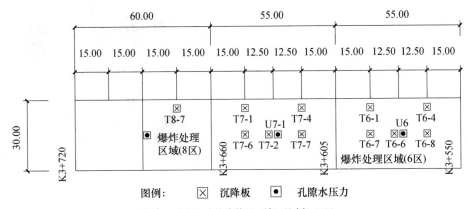

图例: ⊠ 沉降板   ⊡ 孔隙水压力

说明: 图中尺寸单位均以m计, 比例1:1500

图 3.4.1   6-2号区段、8-2号区段观测仪器埋设示意图

爆夯处理1h后进行第1次爆后孔隙水压力观测, 在爆后的2h、4h、8h、24h分别观测一次, 然后每隔24h观测一次, 直到超静孔隙水压力消散为止。

（2）地表沉降观测

地表沉降观测由沉降板和水准仪等观测仪器组成。沉降板布置在原地面与砂垫层之间。沉降板由钢管（φ20）和钢板焊接而成, 保证钢板和钢管垂直, 钢板尺寸为30cm×30cm×1.2cm, 钢管应超出砂垫层2m, 钢管外套一根PVC套管（φ40）, 以保证沉降板自由沉降。

通过对爆夯的瞬时沉降及附加沉降值进行观测, 得到相应的爆夯处理的沉降速率及沉降曲线, 由此推算出爆夯处理的同等效力的堆载预压沉降值, 作为验算爆夯处理能否加快固结的一个标准。

沉降观测内容包括:

（1）爆后瞬时沉降;

（2）爆后4h、8h、24h沉降值;

（3）每隔24h进行一次沉降观测。

沉降板直接埋设在软基表面上, 主要目的是观测软基的表面沉降。由于软基以上部位有砂垫层和附加堆载, 为了观测爆炸后软基的沉降, 同时为了与沉降板沉降进行比较, 在附加载荷表面还设置了观测点位。通过对这些点位爆炸前后的观测, 可推算出软基的表面平均沉降量, 同时也可与沉降板沉降数据对比。6-2号区段和8-2号区段表面沉降观测点位示意图如图3.4.2、图3.4.3所示。

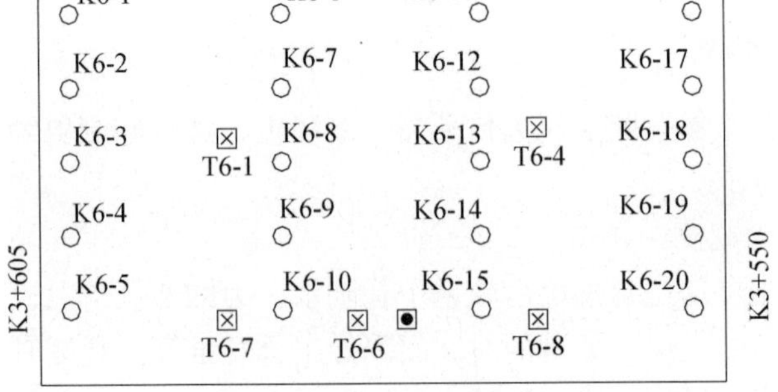

图 3.4.2   6-2号区段表面沉降观测位置埋设示意图

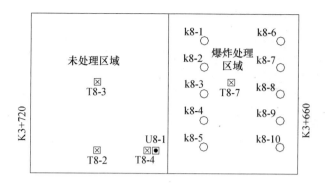

图 3.4.3　8-2 号区段表面沉降观测位置埋设示意图

3.4.2　观测结果

（1）爆后表面效应观测

两次爆夯后均出现了涌水现象，部分孔的出水量很大，集水井水量也有较大的增加，平时 7min 左右抽一次水，现在 2min 左右就达到需进行抽水的水位。集水井内涌水现象一直持续了 5d 左右。图 3.4.4 是爆夯区爆炸处理后表面的照片。

(a) 孔口涌水

(b) 孔内快速出水

图 3.4.4　爆夯区爆炸处理后的图片

（2）6-2 号区段爆后地面沉降观测

6-2 号区段爆夯前，在填土表面设置了 20 个沉降观测点。爆夯前测量其相对初始标高，爆夯后立即进行观测，然后依照 1h、2h、4h、8h、24h 的时间间隔进行观测，其爆后 24h 内地表的沉降曲线如图 3.4.5 所示。

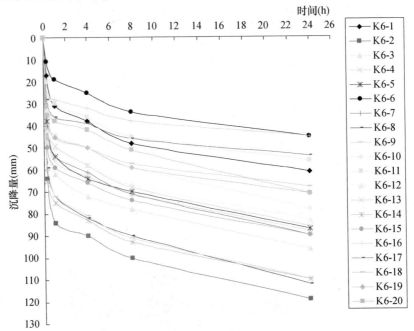

图 3.4.5　6-2 号区段 24h 内地表沉降曲线

从地表沉降曲线可以看出，爆后 24h 内的沉降量，最大达到 119mm（K6-2），最小 45mm（K6-5），平均沉降量为 81mm。

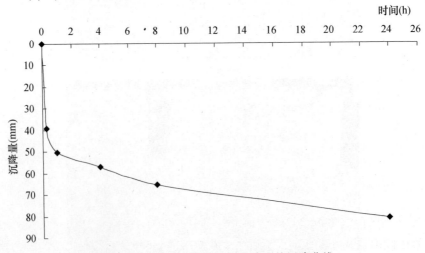

图 3.4.6　6-2 号区段 24h 内地表平均沉降曲线

由图 3.4.6 可见，爆夯后 1h 的沉降量即达到 24h 沉降量的 59%，显然，爆后瞬间沉降量在整个沉降中占据了很大的比重。

随后持续观测了 13d，最大总沉降量为 211mm（K6-9），最小总沉降量为 88mm（K6-6），平均总沉降量为 136.8mm，用图 3.4.7 给出了各项观测的地表沉降曲线。爆后 13d 内平均地表沉降如图 3.4.8 所示。

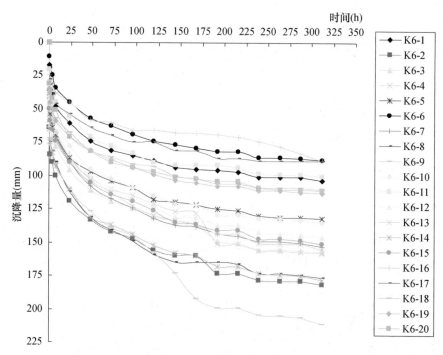

图 3.4.7　6-2 号区段爆后 13d 内各观测点处的地表沉降曲线

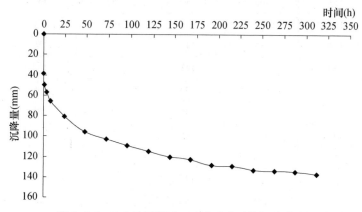

图 3.4.8　6-2 号区爆后 13d 内地表平均沉降曲线

（3）6-2 号区段沉降板观测结果

6-2 号区段内软基处理原地面设置了 5 块沉降板（编号为：T6-1、T6-4、T6-6、T6-7 及 T6-8），沉降板上覆盖有砂垫层及堆载层。当软土下沉的时候，沉降板也随之下沉，比起表面沉降观测来说，沉降板的沉降更能真实地反映地基的沉降。沉降板观测数据见表 3.4.1。

表 3.4.1　6-2 号区段沉降板沉降数据

时间（d）	T6-1（mm）	T6-4（mm）	T6-6（mm）	T6-7（mm）	T6-8（mm）	平均沉降（mm）
0	0	0	0	0	0	0
15min	31	30	40	57	46	40.8
1h	36	38	47	68	56	49
4h	54	45	52	75	62	57.6
8h	64	55	60	84	71	66.8
1	77	73	74	103	87	82.8
2	110	89	88	117	101	101
3	114	99	98	127	112	110
4	114	106	103	135	116	114.8
5	114	113	111	140	123	120.2
6	122	121	116	145	128	126.4
7	124	122	117	147	130	128
8	125	130	122	151	137	133
9	129	130	122	152	139	134.4
10	133	136	125	154	141	137.8
11	133	136	125	155	142	138.2
12	133	137	126	155	143	138.8
13	133	140	131	158	146	141.6
14	133	145	136	164	151	145.8
15	134	147	138	166	152	147.4
16	135	152	143	170	158	151.6
17	140	152	143	170	158	152.6
18	142	153	143	171	158	153.4
19	144	154	145	174	161	155.6
20	146	156	148	178	163	158.2
21	150	156	149	179	164	159.6
22	150	156	150	179	164	159.8
23	151	157	150	179	165	160.4
24	152	161	150	179	167	161.8
25	152	161	150	179	167	161.8
26	152	161	150	179	167	161.8
27	154	164	152	180	169	163.8
28	155	167	154	181	171	165.6
29	156	169	156	182	172	167

续表

时间 (d)	T6-1 (mm)	T6-4 (mm)	T6-6 (mm)	T6-7 (mm)	T6-8 (mm)	平均沉降 (mm)
30	156	169	156	182	172	167
31	156	169	156	182	172	167
32	157	171	157	183	175	168.6
33	158	174	159	185	177	170.6
34	158	175	160	186	182	172.2
35	159	176	160	186	186	173.4
36	160	177	161	187	188	174.6
37	161	178	162	187	190	175.6
38	161	178	163	187	190	175.8
39	161	178	163	187	190	175.8
40	161	179	163	187	191	176.2
41	161	180	163	188	192	176.8
42	161	180	163	188	192	176.8
43	161	180	163	188	193	177
44	161	180	163	188	194	177.2
45	161	180	163	188	194	177.2
46	161	180	164	188	195	177.6
47	162	181	165	189	196	178.6
48	162	181	165	189	196	178.6
49	162	182	165	189	196	178.8
50	162	182	165	189	196	178.8
51	162	182	165	189	196	178.8
52	162	182	165	189	196	178.8
53	162	182	165	189	196	178.8
54	162	182	166	190	199	179.8
55	162	182	166	190	199	179.8
56	162	182	166	190	199	179.8
57	162	182	166	190	199	179.8
58	162	182	166	190	199	179.8
59	162	182	166	190	199	179.8
60	162	182	166	190	199	179.8
61	162	182	167	190	200	180.2
62	162	182	167	190	200	180.2
63	162	182	167	190	200	180.2

从沉降数据中可以看出，在爆后的 1d（24h）后，最大沉降量达 103mm，最小为 73mm，平均沉降量达 82.8mm，较地表沉降量的平均值略大一点，但基本一致。连续观测了两个月，在此期间沉降量不断增加，每天沉降速率在 5mm/d 之内。但到 40d 后，沉降量增加值逐渐变小，到 60d 时，沉降基本稳定。图 3.4.9、图 3.4.10 分别给出了爆炸处理之后 63d 内各沉降板沉降及平均沉降曲线，图 3.4.11 是地表与沉降板平均沉降曲线的对比图，由此可见两者的沉降变化基本一致。但同样具有沉降板沉降量略大一些的特点。

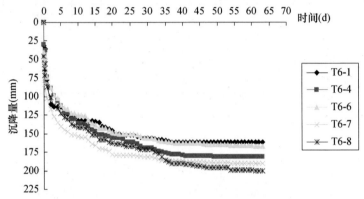

图 3.4.9　6-2 号区段爆后 63d 内各沉降板沉降曲线

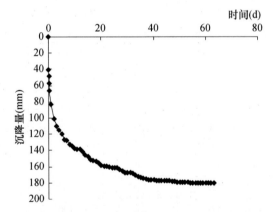

图 3.4.10　6-2 号区段爆后 63d 内平均沉降曲线

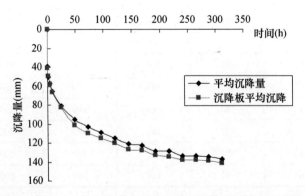

图 3.4.11　6-2 号区段地表平均沉降与沉降板沉降对比曲线

（4）8-2 号区段爆后地面沉降观测地表沉降

8-2 号区段爆夯前，在填土表面设置了 20 个沉降观测点，爆夯前测量其相对初始标高，爆夯后立即进行观测，然后依照 1h、2h、4h、8h、24h 的时间间隔进行观测，得到地表沉降量观测数据，见表 3.4.2。

表 3.4.2 8-2 号区段地表沉降数据

时间 （d）	时间 （h）	K8-1 （mm）	K8-2 （mm）	K8-3 （mm）	K8-4 （mm）	K8-5 （mm）	K8-6 （mm）	K8-7 （mm）	K8-8 （mm）	K8-9 （mm）	K8-10 （mm）	平均 沉降 （mm）
0	0	0	0	0	0	0	0	0	0	0	0	0
0.024	0.58	0	45	85	73	53	5	42	41	10	30	38.4
0.042	1	7	66	110	98	77	13	55	66	31	43	56.6
0.167	4	16	82	127	117	88	16	64	78	42	52	68.2
0.333	8	19	95	136	128	97	19	72	85	49	80	78
1	24	30	112	161	147	98	26	88	103	66	91	92.2
2	48	40	130	180	164	131	35	104	120	81	101	108.6
3	72	49	139	190	175	138	39	111	129	90	110	117
4	96	53	148	199	184	144	43	116	137	97	116	123.7
5	120	56	152	204	191	149	45	121	142	100	120	128
6	144	59	156	209	195	154	46	124	145	105	126	131.9
7	168	62	159	215	199	158	48	129	148	107	126	135.1
8	192	64	162	217	202	161	50	134	151	109	127	137.7
9	216	67	172	222	206	168	53	134	156	115	133	142.6

从表 3.4.2 的地表沉降观测数据可以看出，在爆后 24h 内的沉降量，最大达到 161mm（K8-3），最小 26mm（K8-6），平均沉降量为 92.2mm。随后持续观测了 9d，最大沉降量为 222mm（K8-3），最小沉降量为 53mm（K8-6），平均沉降量为 142.6mm。

8-2 号区段地表各沉降观测点曲线如图 3.4.12 所示，地表平均沉降如图 3.4.13 所示。

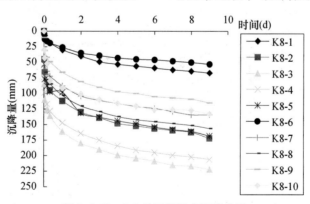

图 3.4.12 8-2 号区段地表沉降曲线

（5）8-2 号区段沉降板沉降

在 8-2 号区段软土表面安置了 1 块沉降板（编号为：T8-7），沉降板上覆盖有砂垫层及堆载层。当软土下沉的时候，沉降板也随之下沉，比起表面沉降观测来说，沉降板的沉降更能真实地反映软土的自身沉降。沉降板观测数据见表3.4.3。

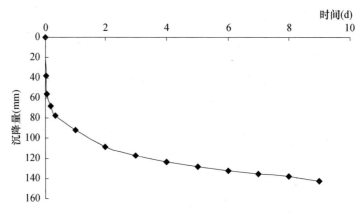

图 3.4.13　8-2 号区段地表平均沉降曲线

表 3.4.3　8-2 号区段沉降板累计沉降数据表

时间（d）	时间（h）	T8-7（mm）	时间（d）	时间（h）	T8-7（mm）
0	0	0	18	432	227
0.024	0.583	60	19	456	227
0.042	1	83	20	480	229
0.167	4	100	21	504	232
0.333	8	112	22	528	232
1	24	135	23	552	235
2	48	156	24	576	236
3	72	167	25	600	237
4	96	174	26	624	237
5	120	182	27	648	237
6	144	185	28	672	239
7	168	190	29	696	242
8	192	194	30	720	243
9	216	199	31	744	244
10	240	203	32	768	246
11	264	208	33	792	248
12	288	213	34	816	249
13	312	215	35	840	250
14	336	215	36	864	251
15	360	220	37	888	252
16	384	225	38	912	252
17	408	227	39	936	252

续表

时间（d）	时间（h）	T8-7（mm）	时间（d）	时间（h）	T8-7（mm）
40	960	252	50	1200	253
41	984	252	51	1224	253
42	1008	252	52	1248	253
43	1032	253	53	1272	253
44	1056	253	54	1296	255
45	1080	253	55	1320	256
46	1104	253	56	1344	256
47	1128	253	57	1368	256
48	1152	253	58	1392	256
49	1176	253	59	1416	256

　　从沉降数据中可以看出，在爆后的 1d（24h）后，平均沉降量达 135mm。随后连续进行观测，沉降量不断增加，但沉降量却已经很小，每天沉降量在 5mm 之内。到 55d 后，沉降量基本稳定，维持在 256mm。图 3.4.14 是沉降板沉降量变化曲线，图 3.4.15 是地表与沉降板平均沉降曲线的对比图，由此可见两者的沉降变化基本一致，但沉降板沉降量略大一些。

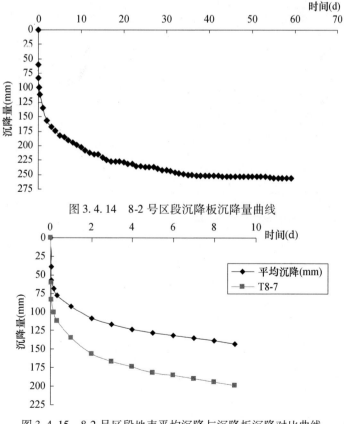

图 3.4.14　8-2 号区段沉降板沉降量曲线

图 3.4.15　8-2 号区段地表平均沉降与沉降板沉降对比曲线

（6）6-2 号区段孔压观测数据

在 6-2 号区段埋设了 3 个孔隙水压力传感器，埋设位置分别为原软土层下 6m、9m 及 12m。在 5 月 15 日爆夯处理后，立即进行孔压观测，随后按照 0.5h、1h、4h、8h 等不同时刻进行观测。其中 2 号观测点的孔压传感器在爆夯后被炸坏，1 号和 3 号孔压观测数据见表 3.4.4，其孔压观测传感器的超静孔压变化曲线如图 3.4.16 所示。

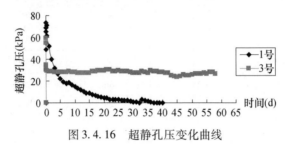

图 3.4.16　超静孔压变化曲线

从 1 号、3 号传感器显示的超静孔压变化曲线可以看出，在爆夯后的极短内时间，超静孔压峰值上升很快，达到一个最高点，然后开始急剧下降（5～10d 内），超静孔压值下降幅度很大，之后缓慢回落。但 3 号孔压显示的数据不是太正常，在 5d 以后，超静孔压基本上维持在 25kPa 左右，为何出现这种现象，还需要进一步分析。

（7）8-2 号区段爆夯后孔压观测数据

8-2 号区段共埋设孔压观测传感器 3 个，埋深分别为原软土层下 6m、9m 及 12m。图 3.4.17 是孔压变化曲线，1 号、2 号、3 号孔压观测记录见表 3.4.5。

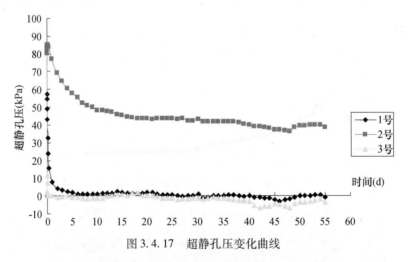

图 3.4.17　超静孔压变化曲线

表 3.4.4　6 区爆夯孔隙水压（U6）观测记录表

观测日期	观测时间	1 号（6m）				3 号（12m）			
		频率模数	温度（℃）	孔压值（kPa）	超静孔压值（kPa）	频率模数	温度（℃）	孔压值（kPa）	超静孔压值（kPa）
2004-5-15	夯前	7642.8	23.0	69.84	0.00	3919.0	23.0	128.36	0.00
11：17	夯后 1	7526.1	23.0	118.70	48.86	3772.9	23.1	187.68	59.32

观测日期	观测时间	1 号（6m）				3 号（12m）			
		频率模数	温度	孔压值	超静孔压值	频率模数	温度（℃）	孔压值（kPa）	超静孔压值（kPa）
11：22	夯后 2	7511.0	23.0	125.02	55.18	3784.7	23.1	182.89	54.53
11：43	0.5 小时后	7486.8	23.0	135.15	65.32	3833.8	23.1	162.98	34.62
12：17	1 小时后	7477.6	23.0	139.00	69.17	3839.1	23.1	160.83	32.47
13：28	2 小时后	7467.8	23.0	143.11	73.27	3844.3	23.0	158.65	30.29
15：08	4 小时后	7472.4	23.0	141.18	71.35	3846.3	23.1	157.91	29.55
19：00	8 小时后	7496.0	23.0	131.30	61.47	3846.9	23.1	157.67	29.31
10：33	24 小时后	7518.9	23.0	121.71	51.88	3847.6	23.1	157.38	29.03
12：35	48 小时后	7547.7	23.0	109.65	39.82	3847.6	23.1	157.38	29.03
10：37	72 小时后	7566.1	23.0	101.95	32.11	3848.9	23.1	156.86	28.50
11：00	96 小时后	7579.2	23.0	96.46	26.63	3848.9	23.1	156.86	28.50
2004-5-20	—	7590.3	23.0	91.82	21.98	3848.9	23.1	156.86	28.50
2004-5-21	—	7597.5	23.0	88.80	18.97	3849.5	23.1	156.61	28.26
2004-5-22	—	7600.8	23.0	87.42	17.59	3849.5	23.1	156.61	28.26
2004-5-23	—	7598.9	23.0	88.22	18.38	3848.2	23.1	157.14	28.78
2004-5-24	—	7603.4	23.0	86.33	16.50	3848.9	23.1	156.86	28.50
2004-5-25	—	7607.4	23.0	84.66	14.82	3849.5	23.1	156.61	28.26
2004-5-26	—	7611.3	23.0	83.02	13.19	3850.8	23.1	156.09	27.73
2004-5-27	—	7615.2	23.0	81.39	11.56	3852.2	23.1	155.52	27.16
2004-5-28	—	7617.9	23.0	80.26	10.43	3850.8	23.1	156.09	27.73
2004-5-29	—	7621.8	23.0	78.63	8.79	3850.8	23.1	156.09	27.73
2004-5-30	—	7622.4	23.0	78.38	8.54	3850.8	23.1	156.09	27.73
2004-5-31	—	7624.5	23.0	77.50	7.66	3848.1	23.1	157.18	28.82
2004-6-1	—	7626.4	23.0	76.70	6.87	3847.6	23.1	157.38	29.03
2004-6-2	—	7628.3	23.0	75.91	6.07	3846.9	23.1	157.67	29.31
2004-6-3	—	7629.7	23.0	75.32	5.48	3845.6	23.1	158.20	29.84
2004-6-4	—	7632.3	23.0	74.23	4.40	3846.9	23.1	157.67	29.31
2004-6-5	—	7632.3	23.0	74.23	4.40	3844.9	23.1	158.48	30.12
2004-6-6	—	7634.9	23.0	73.14	3.31	3844.3	23.1	158.72	30.37
2004-6-7	—	7634.9	23.0	73.14	3.31	3847.6	23.1	157.38	29.03
2004-6-8	—	7634.9	23.0	73.14	3.31	3847.6	23.1	157.38	29.03
2004-6-9	—	7636.2	23.0	72.60	2.76	3846.9	23.1	157.67	29.31
2004-6-10	—	7637.5	23.0	72.05	2.22	3847.6	23.3	157.53	29.18

续表

观测日期	观测时间	1 号 (6m)				3 号 (12m)			
		频率模数	温度	孔压值	超静孔压值	频率模数	温度（℃）	孔压值（kPa）	超静孔压值（kPa）
2004-6-11	—	7637.5	23.0	72.05	2.22	3848.2	23.3	157.29	28.93
2004-6-12	—	7638.1	23.0	71.80	1.97	3848.9	23.2	156.93	28.57
2004-6-13	—	7639.5	23.0	71.22	1.38	3849.5	23.0	156.54	28.18
2004-6-14	—	7640.8	23.0	70.67	0.84	3851.5	23.1	155.80	27.45
2004-6-15	—	7640.8	23.0	70.67	0.84	3851.5	23.1	155.80	27.45
2004-6-16	—	7642.8	23.0	69.84	0.00	3850.8	23.1	156.09	27.73
2004-6-17	—	7634.9	23.0	73.14	3.31	3847.6	23.1	157.38	29.03
2004-6-18	—	7636.9	23.0	72.31	2.47	3849.5	23.1	156.61	28.26
2004-6-19	—	7640.1	22.9	70.95	1.12	3850.8	23.1	156.09	27.73
2004-6-20	—	7640.8	22.9	70.66	0.82	3846.9	23.1	157.67	29.31
2004-6-21	—	7642.1	23.0	70.13	0.29	3847.6	23.1	157.38	29.03
2004-6-22	—	7642.1	23.0	70.13	0.29	3848.8	23.1	156.90	28.54
2004-6-23	—	7642.8	22.9	69.82	−0.02	3849.5	23.1	156.61	28.26
2004-6-24	—	7643.5	22.9	69.53	−0.31	3849.5	23.1	156.61	28.26
2004-6-25	—	7644.1	22.9	69.28	−0.56	3850.8	23.1	156.09	27.73
2004-6-26	—	7644.1	22.9	69.28	−0.56	3851.5	23.1	155.80	27.45
2004-6-27	—	7644.7	22.9	69.02	−0.81	3856.2	23.1	153.90	25.54
2004-6-28	—	7646.0	22.9	68.48	−1.36	3858.7	23.1	152.88	24.53
2004-6-29	—	7648.0	22.9	67.64	−2.19	3861.3	23.1	151.83	23.47
2004-6-30	—	7648.6	22.9	67.39	−2.44	3858.7	23.1	152.88	24.53
2004-7-1	—	7649.3	22.9	67.10	−2.74	3856.0	23.1	153.98	25.62
2004-7-2	—	7650.6	22.9	66.55	−3.28	3856.7	23.1	153.69	25.34
2004-7-3	—	7650.6	22.9	66.55	−3.28	3857.4	23.1	153.41	25.05
2004-7-4	—	7652.4	22.9	65.80	−4.03	3855.4	23.1	154.22	25.86
2004-7-5	—	7654.5	22.9	64.92	−4.91	3853.4	23.1	155.03	26.68
2004-7-6	—	7652.1	22.9	65.93	−3.91	3852.8	23.1	155.28	26.92
2004-7-7	—	7650.0	22.9	66.81	−3.03	3852.8	23.1	155.28	26.92
2004-7-8	—	7650.0	23.0	66.82	−3.01	3852.1	23.1	155.56	27.20
2004-7-9	—	7650.0	22.9	66.81	−3.03	3852.8	23.1	155.28	26.92
2004-7-10	—	7650.0	23.0	66.82	−3.01	3850.2	23.1	156.33	27.97
2004-7-13	—	7650.0	22.7	66.78	−3.06	3849.7	23.1	156.53	28.18
2004-7-17	—	7651.9	22.9	66.01	−3.83	3852.8	23.1	155.28	26.92

表 3.4.5 八区爆夯孔隙水压（U8-1）观测记录表

观测日期	观测时间	1号				2号				3号			
		频率模数	温度(℃)	孔压值(kPa)	超静孔压值(kPa)	频率模数	温度(℃)	孔压值(kPa)	超静孔压值(kPa)	频率模数	温度(℃)	孔压值(kPa)	超静孔压值(kPa)
2004-5-19 10:51	夯前1	4717.9	22.9	72.71	0.00	9271.3	23.1	89.08	0.00	4357.4	23.3	130.53	0.00
2004-5-19 11:30	夯后	4586.8	22.9	129.95	57.24	9062.3	23.3	173.75	84.67	4329.9	23.3	142.00	11.48
2004-5-19 11:35	夯后	4592.7	22.9	127.38	54.66	9064.9	23.1	172.65	83.57	4339.7	23.3	137.91	7.39
2004-5-19 12:00	0.5小时后	4605.2	22.9	121.92	49.20	9072.8	23.1	169.45	80.37	4350.9	23.1	133.09	2.57
2004-5-19 12:30	1小时后	4618.9	22.9	115.94	43.22	9070.1	23.1	170.54	81.47	4352.9	23.1	132.26	1.73
2004-5-19 13:30	2小时后	4643.2	22.7	105.22	32.50	9063.6	23.1	173.18	84.10	4354.8	23.1	131.47	0.94
2004-5-19 15:35	4小时后	4663.5	22.9	96.47	23.75	9061.0	23.1	174.23	85.15	4356.1	23.3	131.07	0.54
2004-5-19:18:55	8小时后	4681.8	22.9	88.48	15.76	9064.2	23.1	172.93	83.85	4356.8	23.1	130.63	0.11
2004-5-20:1051	24小时后	4699.5	22.9	80.75	8.03	9080.8	23.1	166.21	77.13	4357.4	23.1	130.38	-0.14
2004-5-21:12:05	48小时后	4708.7	22.9	76.73	4.02	9099.6	23.1	158.60	69.52	4358.8	23.1	129.80	-0.73
2004-5-22:10:36	72小时后	4710.0	22.9	76.16	3.45	9112.0	23.1	153.58	64.50	4358.1	23.1	130.09	-0.44
2004-5-23	—	4712.6	22.9	75.03	2.31	9121.9	23.1	149.57	60.49	4357.4	23.1	130.38	-0.14
2004-5-24	—	4714.0	22.9	74.42	1.70	9128.5	23.0	146.87	57.80	4358.8	23.1	129.80	-0.73
2004-5-25	—	4715.3	22.9	73.85	1.14	9134.4	23.1	144.51	55.43	4358.8	23.1	129.80	-0.73
2004-5-26	—	4715.3	22.9	73.85	1.14	9142.2	23.1	141.35	52.27	4360.7	23.3	129.15	-1.38
2004-5-27	—	4715.9	22.9	73.59	0.87	9145.5	23.4	140.09	51.01	4362.0	23.3	128.61	-1.92
2004-5-28	—	4715.3	22.9	73.85	1.14	9147.5	23.0	139.18	50.10	4360.7	23.1	129.00	-1.52
2004-5-29	—	4715.3	22.9	73.85	1.14	9152.7	23.1	137.10	48.02	4360.7	23.3	129.15	-1.38
2004-5-30	—	4714.0	22.7	74.31	1.59	9152.1	23.1	137.34	48.26	4360.7	23.1	129.00	-1.52
2004-5-31	—	4714.0	22.7	74.31	1.59	9153.4	23.1	136.82	47.74	4358.2	23.1	130.05	-0.48
2004-6-1	—	4714.0	22.7	74.31	1.59	9154.0	23.1	136.57	47.49	4356.8	23.1	130.63	0.11

续表

观测日期	观测时间	1号 频率模数	温度(℃)	孔压值(kPa)	超静孔压值(kPa)	2号 频率模数	温度(℃)	孔压值(kPa)	超静孔压值(kPa)	3号 频率模数	温度(℃)	孔压值(kPa)	超静孔压值(kPa)
2004-6-2	—	4712.6	22.7	74.92	2.20	9158.0	23.1	134.95	45.88	4355.5	23.1	131.17	0.65
2004-6-3	—	4713.3	22.7	74.61	1.90	9158.6	23.1	134.71	45.63	4355.5	23.1	131.17	0.65
2004-6-4	—	4714.0	22.7	74.31	1.59	9161.2	23.1	133.66	44.58	4356.8	23.3	130.78	0.25
2004-6-5	—	4714.0	22.7	74.31	1.59	9161.9	23.1	133.37	44.30	4354.2	23.3	131.86	1.34
2004-6-6	—	4714.6	22.9	74.16	1.44	9163.2	23.1	132.85	43.77	4352.9	23.3	132.40	1.88
2004-6-7	—	4714.0	22.7	74.31	1.59	9163.2	23.1	132.85	43.77	4357.1	23.1	130.51	-0.02
2004-6-8	—	4714.0	22.9	74.42	1.70	9163.8	23.1	132.61	43.53	4356.8	23.3	130.78	0.25
2004-6-9	—	4713.3	22.9	74.72	2.01	9164.5	23.1	132.32	43.24	4357.4	23.3	130.53	0.00
2004-6-10	—	4715.3	22.9	73.85	1.14	9163.2	23.1	132.85	43.77	4358.1	23.1	130.09	-0.44
2004-6-11	—	4715.9	22.7	73.48	0.76	9163.8	23.1	132.61	43.53	4360.1	23.3	129.40	-1.13
2004-6-12	—	4716.6	22.7	73.17	0.46	9163.8	23.1	132.61	43.53	4360.1	23.3	129.40	-1.13
2004-6-13	—	4716.6	22.7	73.17	0.46	9163.8	23.1	132.61	43.53	4360.1	23.3	129.40	-1.13
2004-6-14	—	4717.2	22.9	73.02	0.31	9165.2	23.1	132.04	42.96	4362.7	23.3	128.31	-2.21
2004-6-15	—	4718.5	22.7	72.34	-0.37	9163.9	23.1	132.56	43.49	4361.4	23.3	128.86	-1.67
2004-6-16	—	4717.2	22.7	72.91	0.19	9166.5	23.1	131.51	42.43	4362.0	23.3	128.61	-1.92
2004-6-17	—	4717.9	22.7	72.60	-0.11	9166.5	23.1	131.51	42.43	4360.1	23.3	129.40	-1.13
2004-6-18	—	4715.3	22.7	73.74	1.02	9164.5	23.1	132.32	43.24	4360.1	23.3	129.40	-1.13
2004-6-19	—	4720.5	22.7	71.47	-1.25	9168.4	23.1	130.74	41.66	4362.0	23.3	128.61	-1.92
2004-6-20	—	4719.2	22.7	72.04	-0.68	9168.4	23.1	130.74	41.66	4358.8	23.3	129.44	-1.08
2004-6-21	—	4717.2	22.7	72.91	0.19	9168.4	23.1	130.74	41.66	4358.8	23.0	129.72	-0.80
2004-6-22	—	4717.2	22.7	72.91	0.19	9168.4	23.1	130.74	41.66	4360.0	23.0	129.22	-1.30

续表

观测日期	观测时间	1号				2号				3号			
		频率模数	温度(℃)	孔压值(kPa)	超静孔压值(kPa)	频率模数	温度(℃)	孔压值(kPa)	超静孔压值(kPa)	频率模数	温度(℃)	孔压值(kPa)	超静孔压值(kPa)
2004-6-22	—	4717.2	22.7	72.91	0.19	9168.4	23.1	130.74	41.66	4360.0	23.0	129.22	-1.30
2004-6-23	—	4716.6	22.7	73.17	0.46	9168.4	23.0	130.72	41.64	4362.0	23.3	128.61	-1.92
2004-6-24	—	4716.6	22.7	73.17	0.46	9168.4	23.0	130.72	41.64	4362.7	23.1	128.17	-2.36
2004-6-25	—	4717.2	22.7	72.91	0.19	9169.7	23.1	130.22	41.14	4363.3	23.3	128.06	-2.46
2004-6-26	—	4717.9	22.5	72.49	-0.22	9171.7	23.0	129.38	40.30	4363.3	23.3	128.06	-2.46
2004-6-27	—	4717.9	22.7	72.60	-0.11	9172.3	23.0	129.14	40.06	4365.4	23.3	127.19	-3.34
2004-6-28	—	4719.9	22.7	71.73	-0.98	9174.3	23.0	128.33	39.25	4370.5	23.3	125.06	-5.47
2004-6-29	—	4719.9	22.7	71.73	-0.98	9175.0	23.1	128.07	38.99	4373.8	23.3	123.68	-6.84
2004-6-30	—	4720.6	22.7	71.42	-1.29	9176.3	23.1	127.54	38.47	4371.8	23.3	124.52	-6.01
2004-7-1	—	4720.6	22.7	71.42	-1.29	9177.6	23.1	127.02	37.94	4371.1	23.3	124.81	-5.72
2004-7-2	—	4722.5	22.7	70.60	-2.12	9178.9	23.1	126.49	37.41	4368.6	23.3	125.85	-4.67
2004-7-3	—	4724.5	22.7	69.72	-2.99	9179.5	23.1	126.25	37.17	4369.2	23.3	125.60	-4.92
2004-7-4	—	4722.5	22.7	70.60	-2.12	9180.9	23.1	125.68	36.60	4371.8	23.3	124.52	-6.01
2004-7-5	—	4721.2	22.7	71.16	-1.55	9181.5	23.1	125.44	36.36	4373.2	23.3	123.93	-6.59
2004-7-6	—	4719.2	22.7	72.04	-0.68	9176.3	23.1	127.54	38.47	4368.7	23.3	125.81	-4.72
2004-7-7	—	4717.9	22.7	72.60	-0.11	9173.7	23.1	128.60	39.52	4366.0	23.3	126.94	-3.59
2004-7-8	—	4717.2	22.7	72.91	0.19	9173.7	23.0	128.57	39.49	4366.0	23.1	126.79	-3.73
2004-7-9	—	4717.2	22.7	72.91	0.19	9173.0	23.1	128.88	39.80	4365.4	23.3	127.19	-3.34
2004-7-10	—	4716.6	22.5	73.06	0.35	9172.4	23.0	129.10	40.02	4363.3	23.1	127.92	-2.61
2004-7-13	—	4715.9	22.5	73.37	0.65	9172.4	23.0	129.10	40.02	4362.0	23.3	128.61	-1.92
2004-7-17	—	4719.2	22.5	71.93	-0.79	9175.6	23.0	127.80	38.73	4366.0	23.3	126.94	-3.59

3.4.3　周边振动监测及分析

（1）爆夯振动监测系统

爆破对周边环境的影响是我们关心的重要问题，在本试验段的西侧民房与试验点的间距55～80m，实际情况也要求对爆破振动进行监测，避免对建筑物产生不良影响。所以对爆夯处理过程中振动的监测也是试验段工作的重要组成部分。

对于振动影响的监测，选择合理的监测系统非常重要，将直接影响测试结果的真实性，甚至关系到测试的成败。选择测试系统时，应根据施工现场地质地形条件和爆破参数，预估被测信号的幅值范围和频率范围，测试系统的幅值范围上限应高于被测信号最大预估值的20%，频率范围上限应是被测信号最大预估频率的10倍以上。根据上述选择原则，在本工程中选择由 CD-21/ZCC-202S 型速度传感器、低噪声屏蔽电缆、IDTS3850 型便携式测振仪和计算机组成的监测系统。

在测试前，需对测试仪器进行系统标定。测试系统示意图如图3.4.18所示。

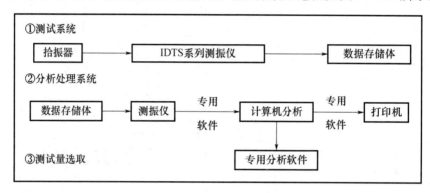

图 3.4.18　监测系统示意图

虽然采用介质质点运动的各物理量（位移、加速度、速度）作为最适合衡量爆破地震强度的标准，至今仍无定论；但大量观测表明，爆破地震破坏程度与振动速度大小的相关性比较密切，故在实际工作中，大多采用质点振动速度作为衡量地震波强度的标准。因此，本次测试采用质点振动速度作为爆破振动的测试量。

炸药爆炸引起岩土内部质点振动有垂直、径向和切向三个速度分量，一般切向振速较小，垂直和径向振速较大。据研究，在高差不大、近距离范围的情况下，一般是垂直速度分量对爆破地震起控制作用，并且在实地测试中发现水平振速仅为垂直振速的50%左右，所以在此次振动监测工作中采用垂直振速作为拟测定的振速。

④ 传感器

本次爆夯振动测试的记录仪采用的是成都中科动态测试研究所生产的 IDTS 系列振动记录仪，传感器采用的是北京测振仪器厂生产的 CD-21/ZCC-202S 型磁电式传感器。

进行安装传感器时，应注意以下事项：

① 在使用中应避免碰撞传感器。在安装传感器时，位置要准确，传感器感振方向

要与所测量的振动方向一致。

② 安装要牢固,传感器通过黏结材料与被测体连成一体。

③ 应采用低噪声屏蔽线,将各测点的电荷放大器与对应数据采集器通道连接起来。

（2）6-2 号区爆夯振动监测

2004 年 5 月 15 日进行了 6-2 号区段的第一次爆夯处理,一共埋设了 90 个炮孔,根据设计参数的不同,炮孔药量分为两种,一种为 3.4kg/孔,另一种为 7.6kg/孔的药量。起爆模式为每孔单响,因此最大段药量为 3.4kg 和 7.6kg。该次爆夯一共进行了 9 个点的监测,监测位置见图 3.4.19。监测结果记录见表 3.4.6。

（3）8-2 号爆夯振动监测

2004 年 5 月 19 日进行了 8-2 号区段的第一次爆夯处理,一共埋设了 48 个炮孔,根据爆夯设计参数,炮孔药量为 4.8kg/孔。起爆模式为每孔单响,因此最大段药量为 4.8kg。该次爆夯一共进行了 9 个点的监测,监测位置见图 3.4.20,监测记录见表 3.4.7。

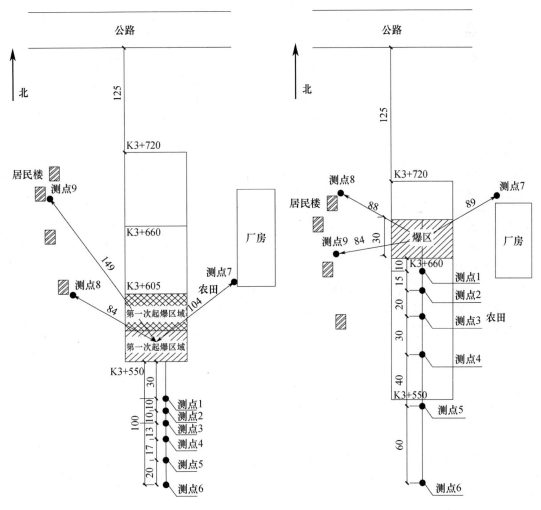

图 3.4.19　6-2 号区段爆夯振动监测位置　　　图 3.4.20　8-2 号区段爆夯振动监测位置

79

表 3.4.6 6-2 号爆夯振动监测记录（2004 年 5 月 15 日）

工程名称	佛山和-北公路盐平段爆夯试验段		工程地点	盐平段 K3 + 550 ~ + K3690	
观测单位	深圳市和利爆破技术工程有限公司		观测操作员	付天杰、赵超群	
爆破参数	爆破地点	6-2 号区段（里程 K3 + 550 ~ K3 + 605）	炸药种类	乳胶炸药	
	孔距	3.6/5.4m	排距	3.6/5.4m	堵塞长度 5 ~ 6m
	药包埋深	6 ~ 15m	孔深	15m	起爆方向 自南向北
	总装药量	438kg 最大段装药量 3.4/7.6kg	分段	逐孔起爆，各孔间隔 0.38s	
仪器设置参数	测振仪型号	IDTS 3850/2850 爆破振动记录仪	传感器型号	CD-21/ZCC-202S 振动速度传感器	
	触发方式	上升沿内触发	触发电平	2.5%/12.5%	
	采样长度	128k/16k	采样率	10k/5k	

监 测 结 果

测点编号	测点距爆区距离（m）	传感器		测振仪		质点峰值振动速度（cm/s）	主频率（Hz）
		编号	灵敏度（V/EU）	编号	量程（V）		
测点 1	44	HLX1	0.27	033	0.4	1.51	7.45
测点 2	54	HLX2	0.27	137	0.4	1.55	4.94
测点 3	64	HLX3	0.27	137	0.4	1.1	4.94
测点 4	77	HLX4	0.27	119	0.4	0.69	4.88
测点 5	94	HLX5	0.27	119	0.4	0.4	12.70
测点 6	114	HLX6	0.27	123	0.4	未触发	
测点 7	103	HL12	0.2	HLY-08	0.2	0.36	0.76
测点 8	84	HL8	0.2	HLY-06	0.2	0.75	3.03
测点 9	148	HL10	0.2	HLY-07	0.5	未触发	

注：表中如果没有特别注明，所列速度为垂直方向的振动速度。

表 3.4.7 8-2 号爆夯振动监测记录（2004 年 5 月 19 日）

工程名称	佛山和-北公路盐平段爆夯试验段		工程地点	盐平段 K3 + 550 ~ K3 + 690	
观测单位	深圳市和利爆破技术工程有限公司		观测操作员	付天杰、赵超群	
爆破参数	爆破地点	8-2 号区段（里程 K3 + 660 ~ K3 + 690）	炸药种类	乳胶炸药	
	孔距	4.0m	排距	4.0m	堵塞长度 5 ~ 6m
	药包埋深	6 ~ 15m	孔深	15m	起爆方向 自南向北
	总装药量	291kg 最大段装药量 6.2kg	分段	逐孔起爆，各孔间隔 0.5s	
仪器设置参数	测振仪型号	IDTS 3850/2850 爆破振动记录仪	传感器型号	CD-21/ZCC-202S 振动速度传感器	
	触发方式	上升沿内触发	触发电平	2.5%/12.5%	
	采样长度	128k/16k	采样率	10k/5k	

续表

测点 编号	测点距爆 区距离（m）	传感器		测振仪		质点峰值振动 速度（cm/s）	主频率 （Hz）
		编号	灵敏度 （V/EU）	编号	量程（V）		
测点 1	25	HLX1	0.27	123	2.0	7.44	6.87
测点 2	40	HLX2	0.27	137	2.0	4.77	10.07
测点 2 （水平方向）	40	HLX3	0.27	137	2.0	3.95	4.73
测点 3	60	HL8	0.27	119	0.4	1.04	12.42
测点 4	90	HLX4	0.27	119	0.4	0.90	3.97
测点 5	130	HLX5	0.27	123	0.4	0.61	3.56
测点 6	190	HLX6	0.27	033	0.4	0.32	3.88
测点 7	89	HL10	0.2	HLY-06	0.2	0.43	4.45
测点 8	88	HL12	0.2	HLY-08	0.2	0.36	3.95
测点 8 （水平方向）	88	HL9	0.2	HLY-08	0.2	0.64	2.42
测点 9	84	HL7	0.2	HLY-07	0.2	未触发	

注：表中如果没有特别注明，所列速度为垂直方向的振动速度。

（4）爆夯振动分析

根据《爆破安全规程》（GB 6722—2003）中 6.2.2 的规定，地面建筑物的爆破振动判据，采用保护对象所在地质点峰值振动速度和主振频率；水工隧道、交通隧道、矿山巷道、电站（厂）中心控制设备、新浇大体积混凝土的爆破振动判据，采用保护对象所在地质点峰值振动速度。其安全允许标准见表 3.4.8。

表 3.4.8　爆破振动安全允许标准

序号	保护对象类别	安全允许振速（cm/s）		
		<10Hz	（10~50）Hz	（50~100）Hz
1	土窑洞、土坯房、毛石房屋[a]	0.5~1.0	0.7~1.2	1.1~1.5
2	一般砖房、非抗震的大型砌块建筑物[a]	2.0~2.5	2.3~2.8	2.7~3.0
3	钢筋混凝土结构房屋[a]	3.0~4.0	3.5~4.5	4.2~5.0
4	一般古建筑与古迹[b]	0.1~0.3	0.2~0.4	0.3~0.5
5	水工隧道[c]	7~15		
6	交通隧道[c]	10~20		
7	矿山巷道[c]	15~30		
8	水电站及发电厂中心控制室设备	0.5		
9	新浇大体积混凝土[d] 龄期：初期~3d 龄期：3~7d 龄期：7~28d	2.0~3.0 3.0~7.0 7.0~12.0		

注 1：表列频率为主振频率，系指最大振幅所对应波的频率。

注 2：频率范围可根据类似工程或现场实测波形选取。选取频率时亦可参考下列数据：硐室爆破 <20Hz；深孔爆破 10~60Hz；浅孔爆破 40~100Hz。

a. 选取建筑物安全允许振速时，应综合考虑建筑物的重要性、建筑质量、新旧程度、自振频率、地基条件等因素。

b. 省级以上（含省级）重点保护古建筑与古迹的安全允许振速，应经专家论证选取，并报相应文物管理部门批准。

c. 选取隧道、巷道安全允许振速时，应综合考虑构筑物的重要性、围岩状况、断面大小、深理大小、爆源方向、地震震动频率等因素。

d. 非挡水新浇大体积混凝土的安全允许振速，可按本表给出的上限制选取。

这两次爆夯振动监测的数据表明，在离爆区60m处时，质点振动峰值速度就已经衰减到1.0cm/s左右。根据表3.4.8中的规定，对于一般砖房、非抗震的大型砌块建筑物，在频率小于10Hz时，安全允许标准为2.0～2.5cm/s，因此，爆夯振动不会对附近居民的房屋造成损害。

另外，由于淤泥类软黏土的高含水量，导致爆夯振动衰减很慢，振动持续时间加长，对振动波形的频谱分析表明，几乎所有测点的主振频率在10Hz以下，大部分集中在3～5Hz，而建筑物的自振频率一般在3～7Hz。爆夯引起的振动频率如此接近建筑物的自振频率，有可能会产生一定的共振现象，这就造成了感觉振动很大的假象，给附近居民带来一定的心理恐慌，这将在一定程度上限制了该方法的使用。

3.5 爆夯处理工程效果对比分析

3.5.1 6-1号区段堆载区沉降

在爆夯之前，6区被分成了6-1号和6-2号两个区域，如图3.5.1所示。

图3.5.1 爆夯区和堆载区位置示意图

作为堆载预压处理区段的6-1号的地块基本上与6-2号地块同期进行填筑路基土方。自2003年11月30日开始填筑砂垫层，打设砂井之后，在2004年1月份开始填筑路基土方，2004年1月填筑到设计要求的填土厚度。2004年5月15日，开始上预压土方，预压土虚土厚度2.5m。填筑预压土分两层填筑，在3d内完成。6-1号区段实测沉降资料推算沉降量355mm。6-1号区段平均沉降曲线如图3.5.2所示。

3.5.2 爆夯区（6-2号区）沉降

6-2号区段从2003年12月9日开始堆载预压，截止到2004年5月15日止，该区段的总平均沉降量为183.6mm。然后在2004年5月15日进行了爆夯处理，截止到2004年7月17日止总平均沉降量为363.8mm。历时大约一年之后，在爆夯区进行堆载预压，虚土高度2.2m。6-2号区段平均沉降曲线如图3.5.3所示。

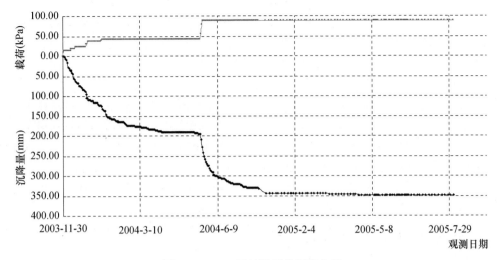

图 3.5.2 6-1 号区段平均沉降曲线

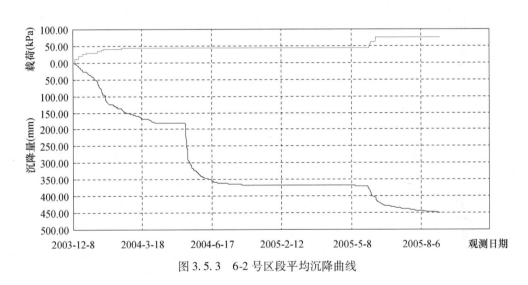

图 3.5.3 6-2 号区段平均沉降曲线

3.5.3 爆夯消除沉降的分析

将 6-1 号和 6-2 号区段的沉降曲线进行分析比较,可以阐述爆夯消除工后沉降的效果。将 6-1 号和 6-2 号区段的各阶段的平均沉降量汇总于表 3.5.1。

表 3.5.1 6-1 号和 6-2 号区段各阶段平均沉降量

处理分段	路基填土阶段 (mm)	爆夯阶段沉降 (mm)	堆载引起的沉降 (mm)	推算最终沉降 (mm)
6-1 号	190	—	165	355
6-2 号	183	180	90	453

可以得出以下结论:

(1) 爆夯段的总沉降量大于堆载预压段,说明爆夯而产生的地基沉降并不完全等效于堆载预压；

（2）经过爆夯后再堆载，再预压堆载的作用下，经爆夯后场地产生的沉降要明显小于未经爆夯处理地段，说明爆夯对消除沉降有明显的作用。

3.5.4 爆夯沉降的发展

从原理上可知，爆夯的过程实际上是软土受到爆炸扰动，土体的变形模量降低，土体在原来已经压缩稳定的荷载作用下继续产生压缩沉降，同时土中爆炸和土体再压缩均在土中产生超静孔隙水压力，超静孔压通过竖向排水体、水平排水体排水而消散，所以在软土层中由于爆炸而产生的沉降不可能是瞬时发展的。沉降发展的过程实际上就是孔压消散的过程，基本上类似于软土的固结过程。

将 6-2 号区段 5 个沉降板在爆夯之后 70d 的监测结果绘成爆夯后沉降发展曲线如图 3.5.4 所示。从图中可以看出，爆夯之后 40 ~ 50d 地基的沉降基本稳定（沉降量小于 0.2mm/d）。但对比该区段前期路基填土时期的沉降发展过程，爆夯沉降的发展速率要快于堆载预压。6-2 号区段平均爆夯沉降曲线如图 3.5.5 所示。

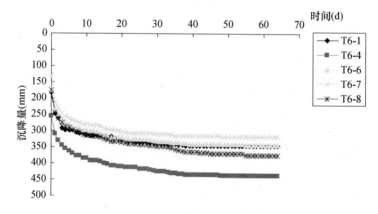

图 3.5.4　6-2 号区段各沉降板爆夯沉降曲线

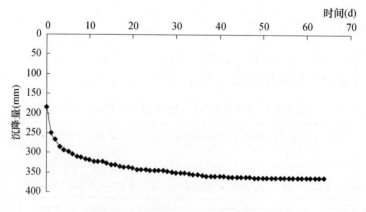

图 3.5.5　6-2 号区段平均爆夯沉降曲线

3.5.5　处理效果分析

为了与相同条件下的堆载预压处理方法进行比较，在爆夯之前，6 区被分成了 6-1 号（沉降板编号为 T6-2、T6-3、T6-5）和 6-2 号两个区段。两区段从 2003 年 12 月 9 日开始堆载预压，截止到 2004 年 5 月 15 日止共满载 156d，6-1 号区总平均沉降量为 197.3mm；再次加载共堆载 258d，总的平均沉降量为 329.3mm；6-2 号区堆载预压的总平均沉降量为 183.6mm；然后在 2004 年 5 月 15 日进行了爆夯处理，截止到 2004 年 7 月 17 日止总平均沉降量为 363.8mm。

堆载区（6-1 号）和爆夯区（6-2 号）的沉降曲线对比如图 3.5.6 所示，沉降数据对比见表 3.5.2。

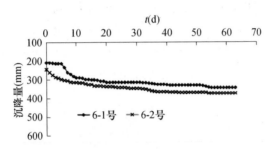

图 3.5.6　爆夯、堆载区沉降对比曲线

表 3.5.2　爆夯、堆载区沉降对比表

试验区	沉降板	观测时间（d）	沉降量（mm）	观测时间（d）	沉降量（mm）	沉降差（mm）
6-1 号堆载	T6-2	12.9～5.21	212	5.21～7.17	369	157
	T6-3	12.9～5.21	167	5.21～7.17	274	107
	T6-5	12.9～5.21	213	5.21～7.17	345	132
	平均值	—	197.3	—	329.3	132.0
6-2 号爆夯	T6-1	12.9～5.15	183	5.15～7.17	345	162
	T6-4	12.9～5.15	256	5.15～7.17	438	182
	T6-6	12.9～5.15	176	5.15～7.17	343	167
	T6-7	12.9～5.15	128	5.15～7.17	318	190
	T6-8	12.9～5.15	175	5.15～7.17	375	200
	平均值	—	183.6	—	363.8	180.2

从表 3.5.2 可知，在未爆夯前，堆载区的沉降量（197.3mm）比爆夯（183.6mm）的大；而后，堆载区继续加载，爆夯区开始进行爆夯处理，截至 7 月 17 日，堆载区的总平均沉降值为 329.3mm，而爆夯区的平均沉降值为 363.8mm，反超堆载区 34.5mm。堆载区二次加载后（从 5 月 21 日开始）的相对沉降量为 132mm，而爆夯区进行爆夯处理后（从 5 月 15 日开始）的相对沉降量为 180.2mm，超出堆载区的相对沉降量

48.2mm。由此看出，爆夯的作用效果是非常明显的。可以认为，爆夯能够替代一部分堆载，大大加快软土的固结速度。

由于爆炸处理软基的最终目的就是促进土体中水的排出，表现最为直观的就是土体物理指标的变化，如含水率、孔隙比、干密度等，故爆炸后取土进行了室内试验，结果见图3.5.7~图3.5.9。从图中明显看出土体在爆炸后的含水率、孔隙比降低，干密度增大。在爆炸后7~15d的时间里，土体的指标变化显著，在2~8m深度内变化较大，经统计原地面以下10m土体的平均含水率减小了8.8%，平均孔隙比减小了9.5%，平均干密度增大了3.5%；至爆炸后2个月，各指标仍在变化，平均含水率比爆炸前减小了11.9%，平均孔隙比比爆炸前减小了14.9%，平均干密度比爆炸前增大了6.3%，其变化速度有所减小；爆炸后9个月，土体的物理指标仍在变化，变化趋势明显趋于平缓。

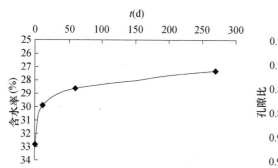

图3.5.7　土体含水率随时间变化趋势　　　　图3.5.8　土体孔隙比随时间变化趋势

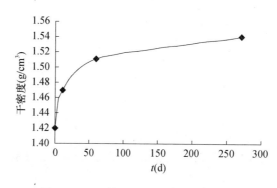

图3.5.9　土体干密度随时间变化趋势

3.5.6　爆夯沉降估算

爆夯的过程实际上是软土受到爆炸扰动，土体的变形模量降低，土体在原来已经压缩稳定的荷载作用下继续产生压缩沉降，同时土中爆炸和土体再压缩均在土中产生超静孔隙水压力，超静孔压通过竖向排水体、水平排水体排水而消散，沉降得以发展。随着时间的发展，土体的结构强度渐渐恢复，而且由于排水性质得到了改善，所以在作用荷载下，软基的沉降量减少。基于上述理论上的认识和假设，在本试验段采用不同于以往爆夯试验的做法，在路基上填筑路基土方之后再进行爆夯处理。试验结果表明本试验段的做法是有效的。

对于爆夯而产生的附加沉降量的计算，目前未有统一的理论和公式，根据对爆夯作用机制的理解，提出以下估算方法。

假定土体的压缩模量为 E_s，爆破之前在外荷载作用下变形稳定，爆破作用下，土体结构受到扰动，压缩模量降低，折减系数为 α。此时土体在自重应力 P_0 和附加应力 ΔP 作用下发生变形导致沉降。同时沉降的发展受土体排水条件的限制，沉降不可能瞬间而是随时间发展，同时土体的结构强度随时间恢复，所以受扰动后土体的沉降并不可能全部发展，应考虑沉降折减，综上可得出软土层在爆夯作用下的沉降量估算公式为

$$\Delta S = \frac{\beta h}{\alpha E_s}\ (P_0 + \Delta P)\ - S$$

式中：α 为模量折减系数，与土的性质和爆炸的能量有关；β 为排水条件因素，砂土取 1.0，软土取小于 1.0；h 为软土层的厚度；P_0 为自重应力；ΔP 为附加应力；S 为在附加荷载下已发生的沉降。

为使计算简便，此处引进综合影响系数 $k = \beta/\alpha$，利用本试验段 6-1 号区段的试验成果可以反算 k 值，路基填土到位并达到沉降稳定时，填土附加应力为 $\Delta P = 48\text{kPa}$，自重应力为 $P_0 = 46\text{kPa}$，软土层厚度 $h = 8\text{m}$，实测沉降 183mm。

计算可得：

$$E_s = \frac{\Delta P}{S}h = \frac{48}{0.183} \times 8 = 2.1\ （\text{MPa}）$$

爆破一次后又发生沉降 180mm，综合影响系数 k 值计算如下：

$$k = \frac{E_s\ (S + \Delta S)}{h\ (P_0 + \Delta P)} = 1.13$$

同样的方法，可以计算得到 8-2 号区段的爆破综合影响系数为 $k = 1.16$。6-2 号和 8-2 号区段爆破处理综合影响系数 k 不同的原因主要是由于不同试验地段采用了不同的爆炸当量。表 3.5.3 为爆夯设计参数与综合影响系数 k 的关系。

表 3.5.3　试验设计参数与综合影响系数 k 的关系

区段	药包间距（m）	炸药当量（kg/m³）	k
6-2 号	3.6	0.022	1.13
8-2 号	4.0	0.030	1.16

注：炸药当量是折算为每 1m³ 土体放置的炸药量。

另外，根据图 3.5.10，采用双曲线法对爆夯前后的最终总沉降进行了推算，两者之差即为爆夯所引起的沉降量（其中已包括土体结构破坏和土体固结两部分），然后按沉降量等效换算成填土堆载。采用 6-2 号推算的结果表明本次试验爆夯效果相当于 3.2m 堆载。

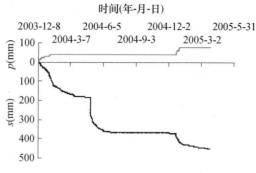

图 3.5.10　6-2 号区段沉降发展曲线

3.6　本章结论

（1）爆夯动力固结法利用软土中的爆炸作用结合排水通道和上覆堆载，使地基产生固结变形和软化变形而压密，改善土体的渗透性，加速并增加固结排水，能在较短时间内达到加固软土地基的目的。试验结果表明了本方法对加固饱和软土地基的有效性。

（2）从 6-2 号、8-2 号区段的沉降量可以看出，适当增大炸药单耗，可增加爆夯后的固结沉降量。在实际应用时，可根据现场的土性参数，通过单孔和小规模试验确定出合理的爆夯参数，为设计提供依据。

（3）通过与相同条件下的堆载预压处理方法进行比较，发现在一定的堆载期后再进行爆夯处理，其效果是很明显的。可以这样认为，爆夯能够替代一部分堆载，加快软土的固结速度。

（4）饱和软土中爆炸振动波幅值不大，但衰减慢，且振动的主频很低，本次振动测试的数据显示，主频普遍低于 10Hz，与建筑物的自振频率比较接近，这将在一定程度上限制该法的使用范围。因此，对于爆夯动力固结法的振动问题应作进一步的研究。

第4章　电渗加固技术

4.1　概　述

电渗法具有加固速率快、效果明显及对周围环境污染少等优点，在建筑物、构筑物基础施工中使用广泛，并取得了良好的加固效果，而在软土路基中使用较少。针对这种情况，研究应用电渗法进行软基加固，通过总结电渗的设计参数、施工经验及效果分析，为该法在公路软基加固处理中的推广运用积累工程实践经验。

4.2　加固机理及适用范围

电渗法是指在软土地基中插入阴阳电极并施加低压直流电，通过产生电动及电蚀等效应提高软土地基强度的一种软土加固方法。

电动效应主要表现为电渗及电泳。电渗作用表现为：带正离子的极性水分子在直流电的作用下，由阳极附近移向阴极，通过阴极管排水加快软土固结速率；电泳指带有负电荷的土粒，在电场作用下移向阳极，在阳极附近沉积，从而使阳极附近的土体加密，强度增加。

电蚀效应是指带 Fe^{3+} 的阳极在电流的作用下发生电解，形成难溶性沉积物，加密了周围的土体，强度增加。该法对渗透性小、加载固结缓慢的淤泥、黏土效果最为显著，并特别适用于含水量极高，土体处于流塑状的软基。

4.3　设　计

4.3.1　工程地质概况

本研究段地处珠江三角洲腹地，位于某市南侧顺德辖区境内，路线呈东西走向。在地貌单元上属珠江三角洲冲积平原，地势较平坦，区内水系大多由北向南流，水网交错，鱼塘、水沟遍布。

本研究段地层主要由第四系填土层、冲积层组成。根据静力触探资料，地基土自上而下含有以下地层：

①填筑土（Q^{ml}）：灰黄～灰色，由碎石、砂及黏土组成，已压实。厚度：1.00～2.80m，平均1.57m；层底标高：－2.80～1.00m，平均－1.57m；层底埋深：1.0～2.8m，平均1.57m；锥尖阻力0.436～3.275MPa，平均1.18MPa；侧摩阻力2.0～

42.0kPa，平均12.05kPa。

② 耕填土（Q^{ml}）：黄褐~灰褐色，由黏粒组成，含少量植物根茎，软~可塑。厚度：0.60~2.60m，平均0.99m；层底标高：-3.20~-0.70m，平均-1.17m；层底埋深：0.60~3.20m，平均1.14m；锥尖阻力0.204~1.035MPa，平均0.479MPa；侧摩阻力4.0~56.0kPa，平均18.0kPa。

③ 淤泥（Q^{al}）：灰黑色，含少量腐殖质，下部含少量粉细砂，饱和，流~软塑。平均含水量47.7%，平均孔隙比1.318，平均压缩系数0.89MPa^{-1}。厚度：2.20~8.7m，平均5.13m；层底标高：-9.60~-4.00m，平均-6.41m；层底埋深：4.00~9.60m，平均6.39m；标准贯入试验一次，锤击数$N_{63.5}=3.0$击，平均3.0击；锥尖阻力0.078~0.577MPa，平均0.387MPa；侧摩阻力1.0~22.0kPa，平均10.4kPa；不排水抗剪强度$C_u=5.30~13.01$kPa，平均8.60kPa；灵敏度系数S_t在3.49~8.03之间，属高灵敏度、高压缩性软黏性土。本层是主要加固土层。

④ 淤泥质亚砂土（Q^{al}）：灰色，含淤泥质，由黏粒及粉粒组成，局部为粉细砂，稍密，很湿，软塑。厚度：1.30~3.30m，平均2.64m；层底标高：-9.30~-7.50m，平均-8.62m；层底埋深：7.50~9.30m，平均8.62m；锥尖阻力0.578~1.034MPa，平均0.772MPa；侧摩阻力7.0~15.0kPa，平均11.8kPa。

⑤ 淤泥质土（Q^{al}）：深灰色，含腐殖质，局部夹薄层粉细砂，饱和，流塑。平均含水量37.3%，平均孔隙比1.128，平均压缩系数0.63MPa^{-1}。厚度：0.50~2.90m，平均1.66m；层底标高：-10.80~-7.80m，平均-9.13m；层底埋深：7.8~10.8m，平均9.13m；锥尖阻力0.283~0.618MPa，平均0.472MPa；侧摩阻力7.0~17.0kPa，平均10.6kPa。

⑥ 亚砂土（Q^{al}）：灰~灰白色。有粉粒及少量黏粒组成，湿、软-可塑。厚度：0.70~6.00m，平均2.50m；层底标高：-12.00~-5.70m，平均-8.46m；层底埋深：5.70~12.00m，平均8.42m；锥尖阻力1.270~3.443MPa，平均1.951MPa，侧摩阻力13.0~36.0kPa，平均21.3kPa。

⑦ 亚黏土（Q^{al}）：灰白、黄色，由黏粒及粉粒组成，稍湿，可塑~硬塑。厚度：0.60~4.70m，平均2.24m；层底标高：-12.00~-6.60m，平均-9.98m；层底埋深：6.60~12.00m，平均9.98m；锥尖阻力1.288~27.28MPa，平均3.807MPa，侧摩阻力1.0~78.0kPa，平均39.3kPa。

⑧ 细砂（Q^{al}）：灰~灰黄色，分选差，上部含粉砂，下部粒度稍粗，含泥质，中密，饱和。标准贯入试验117次，锤击数$N_{63.5}=4.0~29.0$击，平均19.6击，锥尖阻力2.255~8.646MPa，平均5.126MPa，侧摩阻力1.0~57.0kPa，平均24.9kPa。

⑨ 淤泥质土：土层呈灰色，浅灰色，流塑，含腐植质，味臭。分布范围广，为本区内另一主要软弱土层。厚度相差较大，为0.4~15.00m，平均厚5.62m，层顶标高-11.98~-24.60m。局部夹薄层粉砂。标贯击数1~11击，平均4.7击，击数标准值4.4击。

⑩ 亚黏土、亚砂土（Q^{al}）：灰白、浅灰色、浅黄色，含较多粉细砂，亚黏土硬塑，亚砂土中密~密实，很湿。局部夹厚薄不一的粉细砂及淤泥质土，土质不均一。厚度：

0.35～8.00m，层顶标高：－8.72～－40.64m。标贯击数 2～31 击，平均 12.3 击，击数标准值 10.8 击。

场地内地下水主要为孔隙水，主要赋存于淤泥质亚砂土及细砂层中，其余各工程地质层含水微弱。地下水埋深为 1m 左右。

场区除局部软弱层厚度较大及砂层厚度大外，并未有明显断裂通过，所以场地属构造相对稳定地段。

场区内对抗震不利地段主要为淤泥层和淤泥质亚砂土，根据广东省地震烈度区划图划分，地震烈度属于Ⅶ度区，应作相应设防，场地土类别为Ⅲ类。

4.3.2　设计参数

电极采用$\phi 22$钢筋作为阳极，$\phi 48$钢花管作为阴极，长 10m；水平向采用$\phi 22$钢筋连接通电；电极间距 2m（K12＋020～K12＋040）或 3m（K12＋040～K12＋060），阴极（阳极）间距 4m，如图 4.3.1、图 4.3.2 所示。

采用可控硅整流器作为电极电源，阴阳电极之间恒定工作电压为 38V；每天电渗 10 个小时，并同时抽水；沿阴极布设抽水管，射流泵与抽水管连接将水抽出。

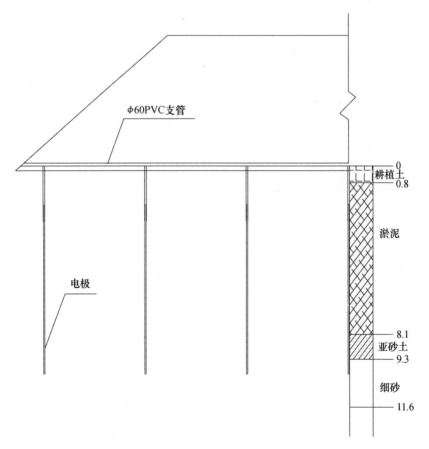

图 4.3.1　电极埋设剖面图

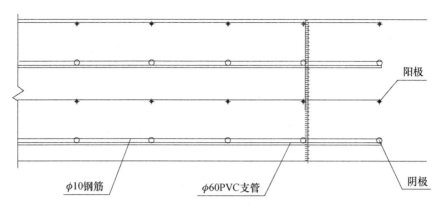

图 4.3.2　电极埋设平面图

4.4　施　工

4.4.1　施工工艺

（1）采用袋装砂井施工机械打设电极。原计划采用可移位振动锤施工，导管下沉到设计深度后，将振动锤转离管口，将电极放入后，振动锤复位。

考虑改装需要时间，于是决定采用拉带法施工。机架高度加工为导管长度 2 倍，在导管内放一绳索，绳索系主电极顶端。导管升至高出地面的高度等于电极长度时，人工将电极拉起并进入导管移动长度，将导管下放到地下的设计深度，拔出导管时电极留在地下，将拉绳接上。每根电极露出地面 10cm，以搭接电源，电极埋设情况见图 4.4.1、图 4.4.2。

（2）将每排电极用 $\phi 22$ 钢筋焊接起来，接电线连通电源；

（3）沿阴极布设排水管，将抽水管插入阴极管内，连接射流泵将水抽出；

（4）采用可以保证恒压的可控硅整流器作为电源；

（5）施工过程中，对整个电渗加固的地下水位变化情况进行监测，并安装水表以记录排水情况；

（6）施工过程中每隔 7～10d 进行一次静力触探试验；

（7）停止电渗后再填砂加载预压。

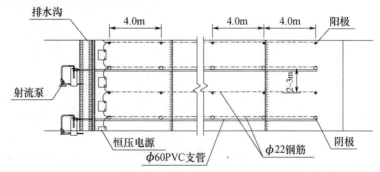

图 4.4.1　电极埋设施工平面示意图

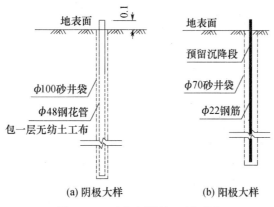

图 4.4.2　电极埋设施工剖面图

4.4.2　安全控制

电渗施工时整个场地遍布电流，而施工现场由于人员、机械较多，安全工作显得尤其重要。根据本研究段实践经验，电渗安全施工主要控制为以下几点：

（1）正常情况下，安全电压为 36V，但由于施工场地一般处于潮湿状态，因此，根据相关资料，安全电压应定为 24V。本研究段稳定电压为 38V，在地基土体中形成的电流强度仅为 0.3A 左右，综合考虑加固效果，电压强度尚需提高。因此，当电渗时施工人员需要进入电渗施工场地时，务必穿防电胶鞋。

（2）电渗需要稳定的直流电压，一般都需要变压设备将电压较高的交流电转换为低压直流电，在选用变压设备时，必须把好质量关。本工程委托张家港市某机电制造有限公司加工了专门用于电渗的可控硅整流器。另外，在操作时，必须避免出现转换电压超出设计电压的情况，以防触电。

（3）电渗排水措施必须完善，将电渗水排出场地以外，避免增加场地的潮湿性。

（4）施工期间碰到雨水天气，在电渗电压大于 24V 的情况下，停止电渗施工；在电压小于 24V 的情况下，可根据供电、变压设备的具体情况确定是否需要停止施工。

（5）在施工场地外围设置安全警示线、警示牌，避免闲杂人员进入电渗区。

4.5　试验成果分析

4.5.1　表面沉降

因加固机理不同于常规堆载预压法，电渗 40d 后（未加载），表面沉降量较小，路基中心沉降量仅为 6cm，路肩两侧沉降量为 1cm（图 4.5.1）。与附近袋装砂井区沉降量相对比，电渗产生的沉降相当于 1.5m 厚填土产生的沉降。

电渗只是提高了孔隙水由阳极向阴极的流动速率，并不会对路基产生侧向挤压的应力，因此，路基的侧向变形量在电渗期间非常小，电渗期间，累计位移量尚不足 1cm。

开始抽水后，地下水位不断下降，到了一定深度后，水位处于一个动态平衡状态，停止抽水后，水位逐渐回升，最后恢复到初始状态。在这个过程中，不同深度的孔隙水压力存在的明显先下降、后上升的变化规律，如图4.5.2所示。这表明了本区域的软土层渗透系数较大，孔压对水位的变化反应迅速。

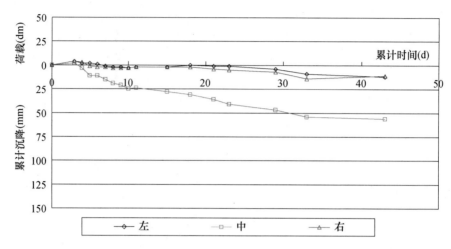

图4.5.1　电渗期间表面沉降曲线图

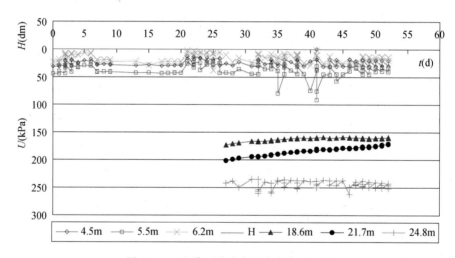

图4.5.2　电渗区孔隙水压力变化过程图

4.5.2　水位变化情况

为掌握电渗过程中整个电渗区地下水位的变化情况和了解电渗对地下水位影响，进而分析电渗对地基土层的渗透性的增加效应，在电渗区共布置了8个水位孔，如图4.5.3所示，每个水位孔的深度为7m。

根据监测结果，电渗抽水约两个小时后，整个电渗区域的地下水位有不同程度下降（图4.5.4），其中路基中间位置下降的幅度最大，可达2m左右。继续抽水过程中，随着水位的下降，电渗区与四围的水头差逐渐增大，当抽水与来自四围的补给达到一个动态平衡后，电渗区的地下水位就基本保持不变。此时的地下水位线形成了一种盆状曲线。

图 4.5.4 反映出路基右边地下水位下降的幅度相对左边要小得多。据分析，其原因有二：第一，路基右边坡靠近池塘，水头差较大；第二，右半幅阴极管是采用真空装置抽水，主要是针对软土层抽水，而左半幅则是在阴极管内设置塑料管直接抽水，其抽水的地层即有软土层又有细砂层，因此，左半幅的地下水位下降的幅度相对就要大得多。

此外，水位监测数据也显示：随着电渗抽水时间的延长，由于抽水系统排水能力有所下降，整个电渗区的地下水位下降的幅度稍有减小。

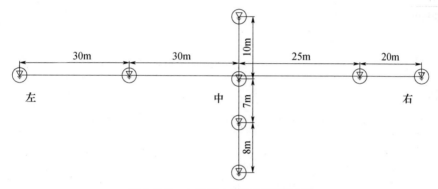

图 4.5.3　电渗区水位孔布置平面图

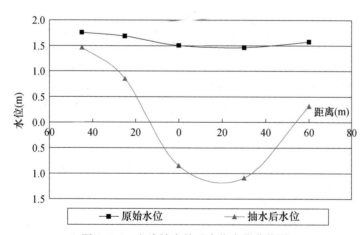

图 4.5.4　电渗抽水前后水位变化曲线图

从电渗的加固机理可知，电渗的加固作用主要表现在两个方面，一是增加地基软土层的渗透性，提高孔隙水的排出速率，从而达到压密软土层，增加其强度的作用；二是通过一系列化学作用，在土体孔隙内产生新的化合物，从而达到提高软土层力学性质的加固目的。假设电渗过程中，土体的渗透性有所增加，则在抽水及停止抽水过程中，其水位的下降及上升情况将和不电渗时有所区别。针对这一想法，本研究段分别测试了电渗或不电渗时，抽水过程中或停止抽水过程中地下水位的变化情况。为了消除潮水位对地下水位的影响，选择相邻两天的相同时间进行这些测试，测试结果见表 4.5.1。

据表 4.5.1，对比抽水与不抽水、电渗与不电渗状况下地下水位的变化情况可以发现：抽水情况下除个别水位孔存在较小的误差外，电渗时水位下降速率较小，平均比不电渗时慢 9.1cm/h；电渗时水位上升速率较快，平均比不电渗时快 8.6cm/h。由此可见，电渗可以加速地基土层的排水速率。在抽水情况下，可以使水位下降速率减小 19.4%；在停止抽水情况下，可以使水位回升速率增加 28.4%。这也表明，本次电渗试验可使土体的渗透系数大幅增加。

表 4.5.1 抽水/不抽水过程中电渗区水位变化表

水位管编号			中1	中2	中3	中4	左1	左2	右2	右1	平均
水位管与中点距离（m）			13	5	−2	−12	60	30	−25	−45	
抽水	水位下降幅度（cm）	电渗	90.0	138.9	120.7	95.5	87.5	192.3	18.5	8.6	94.0
		不电渗	112.0	182.8	149.5	145.8	83.8	181.1	32.5	9.8	112.2
		相差	22.0	43.9	28.8	50.3	−3.7	−11.2	14.0	1.2	18.2
	水位平均下降速率（cm/h）	电渗	45.0	69.5	60.4	47.8	43.8	96.2	9.3	4.3	47.0
		不电渗	56.0	91.4	74.8	72.9	41.9	90.6	16.3	4.9	56.1
		相差	11.0	22.0	14.4	25.2	−1.8	−5.6	7.0	0.6	9.1
不抽水	水位回升幅度（cm）	电渗	85.6	112.9	101.8	154.6	46.8	128.4	2.7	−10.6	77.8
		不电渗	73.0	73.6	86.0	87.4	45.0	111.8	6.8	0.7	60.5
		相差	12.6	39.3	15.8	67.2	1.8	16.6	−4.1	−11.3	17.2
	水位平均回升速率（cm/h）	电渗	42.8	56.5	50.9	77.3	23.4	64.2	1.4	−5.3	38.9
		不电渗	36.5	36.8	43.0	43.7	22.5	55.9	3.4	0.4	30.3
		相差	6.3	19.7	7.9	33.6	0.9	8.3	−2.0	−5.7	8.6

此外，由图 4.5.5、图 4.5.6 可以看出，电渗对于路基纵向水位变化的影响较大，而对路基横向水位变化的影响很小，这可能与阴阳电极的布设方向有关，具体原因尚有待于进一步研究分析。

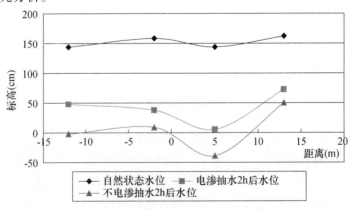

图 4.5.5 电渗区纵向水位变化曲线图

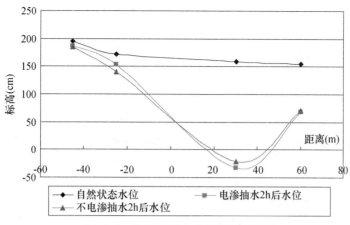

图 4.5.6　电渗区横向水位变化曲线图

4.5.3　专题研究

1. 电流与电极间距关系

电渗成功与否，其中最主要的一点就是能否在软土层中形成有效的电流，这取决于电极的布设参数、电压的大小。为了研究电流与电极间距、电压的相互关系，本研究段另外单独打设了三根电极，中间为阳极管，两侧为阴极钢管，间距分别为 1m、2m。其试验结果见表 4.5.2。

表 4.5.2　不同情况下电极之间电流变化一览表

间距（m）	电压（V） 电流（A） 24	36	48	电渗时间（d）	备　注
1	4.5	6.77	9.02		
2	4.25	6.47	8.68	0	
3	4.3	6.47	8.65		
1	4.6	7.26	9.46		
2	4.25	6.28	8.49	7	1m 间距为阴阳电极，2m 间距为阴阳电极，3m 间距为两根阴极管
3	4.33	6.36	8.35		
1	4.76	7.04	9.4		
2	4.24	6.53	8.47	11	
3	3.78	5.75	7.66		
1	4.7	7.01	9.39		
2	4.36	6.35	8.21	15	
3	4.21	6.1	7.91		

由表 4.5.2 可知，电极之间的电流随电压的增加成正比例增长，随着间距的增大而减小，并且电压越大，间距对电流的影响也越大。此外，相同电压条件下，1m 和 2m 的电流强度相差较大，而 2m 和 3m 的电流强度相差很小，这主要是由于 3m 间距时两根

电极均为阴极钢管，其截面面积（直径4cm）大于阳极钢筋的截面面积（直径2cm），也就是说，电极面积越大，电极之间的电流也越大。因此，在设计电渗加固方案时，就要充分考虑电极间距、截面大小与电压的大小，电压越大，间距越小，截面面积越大，电流也越大。但总体来说，电压的影响要大于间距及截面面积的影响。

2. 强度变化情况

根据电渗加固原理，阳极钢筋电解后产生的铁离子，在电渗水的带动下会往阴极方向移动，并在此过程中与孔隙水中的离子成分发生化学作用形成新的化合物，这些化合物的沉淀有利于软土层力学强度的增长。因此，为了验证电渗加固效果，在电渗过程中，在阴阳极之间、阴阳同极电极之间进行了几组静力触探试验，钻孔平面布置情况见图4.5.7。根据试验结果，统计出软土层在电渗前后强度变化，其结果如图4.5.8～图4.5.12所示。

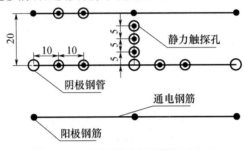

图4.5.7 钻孔平面布置情况（dm）

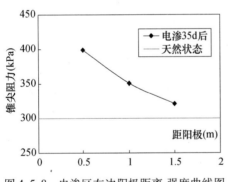

图4.5.8 电渗区左边阳极距离-强度曲线图

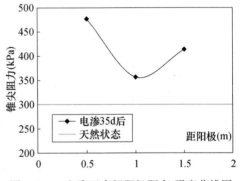

图4.5.9 电渗区中间阳极距离-强度曲线图

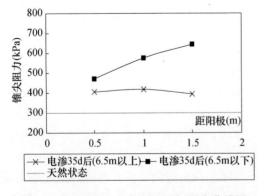

图4.5.10 电渗区右边阳极距离-强度曲线图

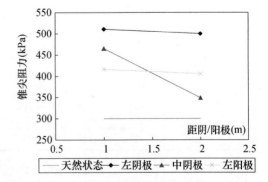

图4.5.11 电渗区阴阳同极电极之间
距离-强度曲线图（电渗35d后）

由图 4.5.8～图 4.5.11 可知，电渗 35d 后，加固区域的软土层力学性质有了明显增强，增幅为 31%～50%，并且还存在以下规律：

（1）异极之间，越靠近阳极的位置，软土力学性质增幅越大；

（2）同极之间，不同距离，软土力学性质增幅相差不大；

（3）阴极之间的软土强度增幅比阳极之间软土强度增幅大（图 4.5.12）。

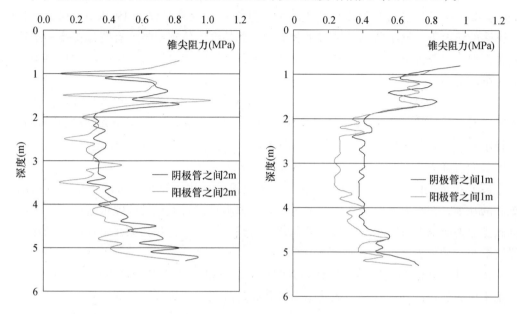

图 4.5.12　电渗区左边阴阳同极之间强度对比图

3. 电极电蚀情况

电渗区右半幅于 2004 年 3 月 5 日停止电渗，为了进一步分析电渗加固效果，在电渗区不同位置拔出几根阳极钢筋，观察其电蚀情况。其中阴阳间距为 1m 的阳极是测试距离对电流的影响而打设的，该阳极左右两侧阴极距离分别为 1m、2m；其他的阴阳极间距为 2m 或 3m。结果显示：1m 间距的阳极钢筋由于两侧阴极距离较近，电蚀程度最大，电蚀厚度约为 3mm；2m 间距的阳极钢筋稍有电蚀，电蚀厚度约为 1mm；3m 间距的阴极钢筋电蚀程度很低。由此可见，阴阳极距离越近，电蚀程度就越高。因此，对于类似本工程地质条件的软基，电渗电极间距取 1～2m 比较合理。

4.5.4　后期监测资料分析

根据前面章节述及的电渗加固效果分析，本区经过电渗 40d 后，已经达到了进行路基填砂施工的要求。因此，电渗区于 2004 年 3 月 6 日开始填砂，并于 2004 年 3 月 22 日填砂完毕，累计填砂厚度为 1.94m，平均填砂速率为 0.11m/d，属于快速填砂施工。填砂后，本区超载采用水载法，围堰完成后于 2004 年 4 月 12 日开始加载，水载高度为 1.8m，即相当于 1m 的填砂荷载。在整个加载及预压期间，一直进行路基稳定性监测，其中包括表面沉降、分层沉降、侧向位移及孔隙水压力测试。

1. 表面沉降

图 4.5.13 为电渗区表面沉降曲线图，由图可知，每施加一级荷载，电渗区表面沉降速率就有明显的增大，并且在随后的两三天内迅速减小。在快速加载期间，最大沉降速率达到了 15cm/d，对应的填砂厚度为 1.94m。此外，经过 4 个月的水载预压，本区的沉降已经进入稳定状态，平均总沉降量为 23.9cm。而相邻填砂 4.0m 厚的袋装砂井区（桩号 K12 +095）经过 5 个多月的预压期，其平均总沉降量仅为 19.0cm。在地质条件差不多的情况下，这个监测结果似乎和前面得到的电渗后软土强度有明显提高的结论相违背，但经过仔细分析，认为造成电渗区在堆载后沉降相对较大的原因可以从以下三个方面去解释。

（1）虽然总体上本研究段的地质条件比较稳定，但从埋设监测仪器时的钻孔取土情况来看，从桩号 K11 +880 到 K12 +290，软土层的含砂量有逐渐增大的趋势，这从塑料排水板区（桩号 K11 +905）的累计沉降量为 25.9cm 的事实也可以得到证实，因此，本区表面沉降大于袋装砂井区，软土分布厚度较大是其中一个原因。

（2）电渗期间，软土中的部分孔隙水在电流的作用下排出，可能在土体中形成非饱和的孔隙，在没有外荷载作用的情况下，孔隙水排出后形成的孔隙很难闭合，电渗期间软土层的压缩变形很小。施加填砂荷载后，软土层的非饱和孔隙在附加应力的作用下迅速缩小，导致表面沉降增加。

（3）电渗可能与真空预压具有类似的特点，可以主动排水，固结速率加快。但是，单独应用时加快沉降的效果不显著，与堆载联合应用时加快沉降的效果较好。

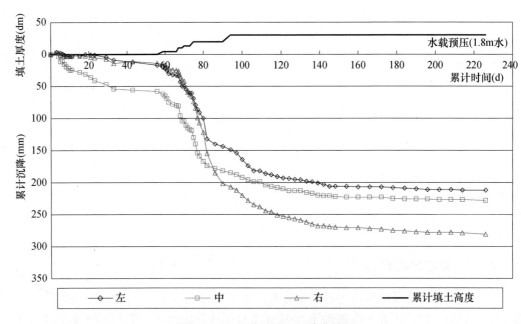

图 4.5.13　电渗区表面沉降曲线图

2. 分层沉降

图 4.5.14 为电渗区分层沉降曲线，由图可知，本区深度 0～4m 范围内软土层压缩

变形最大，占总沉降量的64.9%，这和地质勘察资料中 0～4m 深度范围内软土的力学性质最差的情况相符；电渗处理深度 10m 以内的压缩量为 199mm，占总沉降量的87.3%，深度 10m 以下的软土压缩量仅为 29mm，占总沉降量的 12.7%。

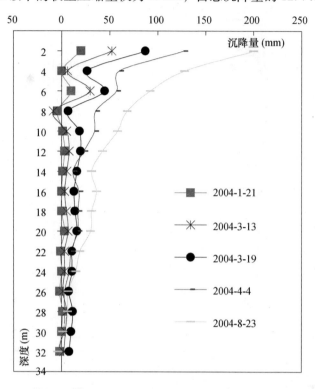

图 4.5.14　电渗区分层沉降曲线图

3. 侧向位移

本区在电渗期间几乎没有侧向位移，在填砂及水载期间由于受到附加应力的作用，软土层发生侧向挤出变形，图 4.5.15 是本区的侧向位移曲线。由图可知，最大位移发生在深度 3m 处，这与分层沉降资料相符；最大侧向位移仅为 22.8mm，在快速填砂期间，对应表面沉降 15mm/d 时的侧向位移也仅为 1.5mm/d 左右；表面沉降与最大侧向位移比值 $S/\delta = 10.0$，而相邻袋装砂井区 $S/\delta = 4.3$。其原因是经过电渗后土体强度提高较多（也有可能在土体中形成非饱和的孔隙），在附加应力作用下产生的超静孔隙水压力较小，因此产生的侧向变形较小。

4. 孔隙水压力

由电渗区孔隙水压力的变化情况可看出，在填砂及水载时，孔隙水压力一直变化不大，其原因是经过电渗后土体强度提高较多（也有可能在土体中形成非饱和的孔隙），在附加应力作用下产生的超静孔隙水压力较小，并且消散得也较快（图 4.5.16）。

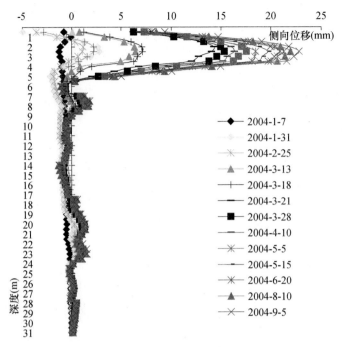

图 4.5.15 电渗区侧向位移曲线图

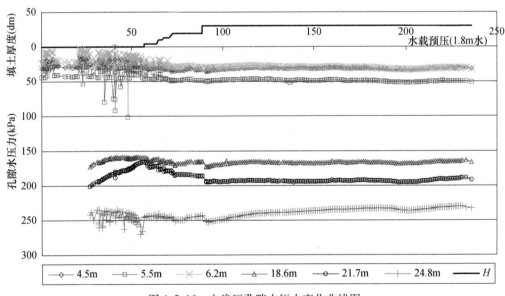

图 4.5.16 电渗区孔隙水压力变化曲线图

4.6 结 论

综上所述，本研究区段电渗加固方案取得了一定的成功，在此基础上，得到了一些有益的结论，并根据本次设计、施工经验，提出了几点具有借鉴意义的建议。

（1）电流密度随电压增加而增大，随电极间距增大而减小；电极直径越大，电流密度越大。

（2）本工程中土体电渗阻较大，电流密度小，研究段的实际电流密度为 0.078A/m² （约为设计电流密度的 1/10），造成电渗时间超过 40d。

（3）电渗时地下水位普遍下降 1.5～2.5m，路基中间下降较多。抽水时，电渗状况下水位变化与不电渗状况下水位变化相差较明显。

（4）经过电渗加固后，软土强度提高具有较明显的空间效应：异极之间，越靠近阳极的位置，软土力学性质增幅越大；同极之间，不同距离，软土力学性质增幅相差不大；阴极之间的软土强度增幅比阳极之间软土强度增幅大。对于类似本工程地质条件的软基，电渗电极间距取 1～2m 比较合理。

（5）电渗 40d 时（电渗能量不足设计能量的 1/3），电渗区的沉降与 1.5m 厚填土产生的沉降相当，软土抗剪强度比初始强度提高 1/3～1/2 倍，靠近阳极强度增长较多。

（6）电渗后，土体强度和地基承载力提高，路基填土（砂）可采用快速施工法。超静孔隙水压力和侧向位移均较小。电渗可以加速沉降，但是不能减小沉降量。

（7）电渗的特点类似真空预压，属于主动排水，可加快软土固结速率；与堆载联合应用可取得更好的加固效果。

第 5 章　水载预压技术

5.1　概　述

南方地区修建高等级公路时普遍采用工程造价较低的排水固结法。由于南方地区普遍存在深厚的软黏土地基，为了提高行车舒适性，采用排水固结法时往往需要进行等载和超载预压，以便加快沉降，缩短工期、减少工后沉降。传统的等载、超载预压方法采用砂、土、碎石等地方材料，等载厚度约 1 m，超载厚度 0.5~2m 不等。部分公路的等载、超载土石方工程量接近或超过路基设计土石方量，卸载废弃土石方量较大。

由于大规模的公路建设，南方地区的土、砂、石等地方材料资源已经濒临耗尽，导致了这些地方材料的价格急剧上涨，增加了施工成本。同时大规模挖山、捞砂以及卸载土方的废弃物也导致了水土流失和环境破坏，不少地方政府已经禁止取土、采石和捞砂。因此，非常有必要寻找替代填砂（土、石）超载预压的方法，以解决地方资源不足和环保的问题。近几年，逐渐采用的真空预压法虽然可以节约地方资源，但是具有工程造价高、造成周围地面下沉、预压效果受竖向排水体的质量限制等缺点。

针对上述预压方法存在的不足，研究提出并试验成功一种新的预压方法——水载预压法。

5.2　加固机理及适用范围

水载预压法即在路基上设置蓄水设施进行蓄水，利用水体的重量进行等载、超载预压。

水载预压法具体实施方法较多，按围堰方式来分类主要有水袋式水载预压法、水箱式水载预压法、水池式水载预压法（又分为填料式围堰和组装式围堰）三种。

5.2.1　水袋式水载预压法

采用高强度橡胶袋蓄水的方法来进行预压。将橡胶袋摆放于路基上，向袋中充水后封口。水袋可以多层设置。预压完毕后排放水，并可回收水袋，如图 5.2.1 所示。

水袋式水载预压法的优点是水袋可以回收和多次应用，水载高度大，人身安全性较好；缺点是一次性投入大，易于被破坏。

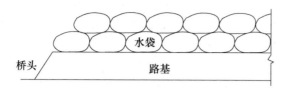

图 5.2.1　水袋式水载预压示意图

5.2.2　水箱式水载预压法

采用水箱蓄水的方式进行预压。在路基上采用钢模板组装成类似集装箱的开口水箱，在箱内铺设一层 PVC 密封膜，充水后安装箱盖，水箱可以多层设置。预压完毕后将水抽出排放，如图 5.2.2 所示。

水箱式水载法的优点是水箱可以回收和多次应用，水载高度大，安全性较好；缺点是一次性投入大，对地基不均匀变形适应性稍差。

图 5.2.2　水箱式水载预压示意图

5.2.3　水池式水载预压法（填料式围堰）

通过在路基上修筑水池蓄水的方法来进行预压。在路基四周修筑围堰，在围堰顶部及围堰内铺设一层 PVC 密封膜。在围堰顶铺设一层 20cm 厚度左右的细砂或黏土压膜。围堰内充水时，充水高度低于围堰顶 20cm 左右，并在围堰上设置若干溢水口以排放雨水等，保持水深。路基周围设置安全警示装置。为了减少溃堰造成的损失，水池沿路基纵向的长度不宜过长，以 50～100m 为宜，如图 5.2.3 所示。

图 5.2.3　水池式水载预压示意图（填料式围堰）

水池式水载预压法的优点是施工速度快，造价低，卸载快，对不均匀沉降适应性好；缺点是安全性差，水载高度较小。

水池围堰可以采用填料式围堰，也可采用组装式围堰。填料式围堰采用土、砂修筑围堰，填砂时应在两侧码砌砂包以保护围堰并便于上下。组装式围堰采用木结构或钢结构梯形围堰框架，内侧为连续的面板，面板内铺设密封膜，如图 5.2.4 所示，组装式水载预压法的优点是框架可以回收和多次应用，比水箱式投入少，施工方便；缺点是一次性投入较大，围堰重量较轻，稳定性相对较差。

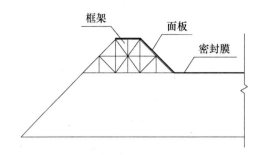

图 5.2.4　水池式水载预压示意图（组装式围堰）

工程实践表明水载预压法具有与常规预压法相同的效果，并且具有施工方便、快速，工程造价低，利于环保等优点。对于水池法，由于水载的可流动性，可以及时补充增大沉降较大处的预压荷载，可以有效地减少不均匀的工后沉降，这是水载法独特的优点。

5.3　设　计

某市环路路基设计高度平均约 2 ~ 2.5m，等载 1m，超载 0.5m，等超载土方量所占比例较大。另外，该工程路基宽度很大，非常适于采用水载的方法进行等载、超载预压。为了指导设计和施工，在本研究段的软基处理研究工作中，对采用排水固结软基处理方法的路段进行了水载预压法的试验，与填砂预压法进行对比。

本研究段采用的是水池式水载预压法，在电渗区和强夯区的路基上分别设置了 2 个水池，单个水池的平面尺寸如图 5.3.1 所示。围堰高 2m，水深 1.8m。围堰横断面如图 5.3.2 所示。

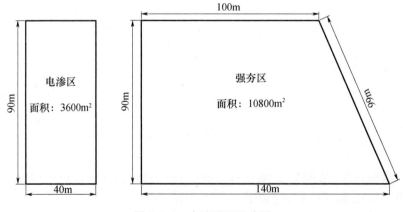

图 5.3.1　水池平面尺寸图

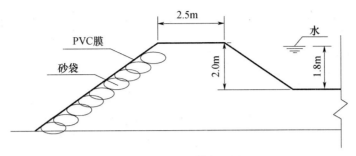

图 5.3.2　围堰横断面图

5.4　施　工

5.4.1　施工工艺

水载预压的施工工艺流程为（图 5.4.1）：

图 5.4.1　施工工艺流程图

（1）修筑围堰：水载围堰高 2m，顶宽 3m，内外边坡坡率为 1∶1.5。围堰填筑材料采用细砂、推土机、挖掘机配合填筑。为便于铺膜和保障围堰稳定性，围堰内、外侧采用单排砂袋人工装砂护堤。在围堰上设置若干溢水口，以便排放雨水保持水深，溢水口底标高应高出设计高度，设置水位标高 10cm。

（2）铺设薄膜：薄膜采用与真空预压工程相同的聚氯乙烯薄膜。铺设一层，薄膜厚度为 0.14mm。按照每个水池的尺寸向厂家订做整张薄膜，薄膜应完全覆盖围堰顶部，并考虑薄膜铺设时应有一定的预留量，避免蓄水时薄膜被拉破。铺膜前，对薄膜下承层进行清理，保证不存在尖锐物，以免刺穿薄膜。铺膜时，先将整条薄膜沿路线纵向拉直摆放，然后同时两侧张拉、展开薄膜，直到覆盖整个水载区（包括围堰），并用砂袋压住薄膜。施工时注意天气情况，严禁在刮风天气铺膜。铺膜时由专人指挥。同时，张拉薄膜注意张拉力度，以免破坏薄膜。铺完膜后及时检查整张膜的完整性、接缝的密封性，如发现刺破现象及时修补。在围堰顶部及外侧设置一层砂包进行压膜，以防止薄膜翻起和老化。另外，薄膜需覆盖边坡，防止雨水冲刷后形成掏空区，进而对围堰的稳定性形成威胁。还有一点值得提出的是溢水口处需预留足够长的薄膜，以保证在放水卸载时薄膜能完全覆盖放水口，防止围堰被冲刷溃堤。

（3）抽水预压：薄膜铺设完毕后，采用大功率抽水泵从附近水塘或河道中抽水预压。抽水同时进行监测，如有必要则分级进行加载，避免引起路基失稳。在超载初期，需派专人密切注意围堰的稳定性。当池中水量蒸发减少时，应及时补充蓄水。设置溢水口，并连通到附近的河道，防止雨水溢出涌进附近的鱼塘。

（4）在围堰顶部采用约20cm厚度的黏土进行压膜，避免风吹，减少薄膜老化。

（5）制作警示牌和警戒线，并派专人看守。看守包括水位变化情况及不准人员下水游泳等。

（6）卸载

根据监测资料判断水载超载达到卸载标准时放水卸载。参照研究区段实践经验，提出以下几种放水卸载方法：

① 预埋膜法：在放水口周围铺设PVC膜，PVC膜与水池密封膜黏结。放水时将放水口对应的密封膜剪开，挖除或利用水流冲走预埋膜内的围堰填料。为了控制水流冲走填料的速度，膜内填料可以采用黏土，如图5.4.2所示。

② 预埋管法：在围堰底部埋设高强度塑料排水管，其施工方法详见图5.4.3。施工时需注意将排水管与密封膜黏牢，防止漏水影响围堰的稳定性。放水时在混凝土封头内侧将塑料管锯开即可放水。为缩短卸载时间，可以埋设多条排水管。

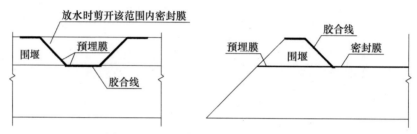

图5.4.2 预埋膜法围堰纵（横）断面图

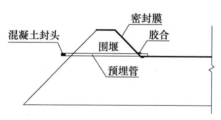

图5.4.3 预埋管法围堰横断面图

③ 预留膜法：在放水口处，密封膜预留富裕量，富裕宽度大于2倍的围堰高度。放水时，在放水口处密封膜下掏挖围堰。随着围堰掏挖，预留的密封膜开挖平铺设在放水口处。

④ 抽水法：采用抽水泵将水池内的水抽往预先挖好的排水渠道，再引至附近的河道。

⑤ 虹吸法：将灌满水的柔性塑料排水管一头置入水池，一头连接排水渠道，利用大气压，将水池内的水排出。

综合比较各种方法的优缺点，推荐采用预埋膜法、预埋管法。

5.4.2 施工注意事项

（1）膜技术参数：厚度≥0.14mm，拉伸强度（纵/横）≥15/13MPa，断裂伸长率（纵/横）≥220/200（%），渗透系数$K_{20} \leqslant 10^{-11}$ cm/s，抗渗强度（耐静水压力）

$\geqslant 160kPa$。

（2）施工监测：通常情况下，将监测断面设置在横向围堰处，以利于施工监测。本工程在水池中部设置了表面沉降板，对水载区域的沉降通过在沉降管上绑扎塔尺或采用水准仪观测。孔隙水压力及土压力通过接长电缆线于围堰位置处观测。

（3）安全要求

① 为保证路基安全，要求围堰分层填筑和碾压，每层松铺厚度控制在 50cm 以内。充水时应加强监测，避免路基失稳。

② 水深控制：在围堰上设置若干个溢水口，溢水口底标高应高出设计水位标高 10cm，基本保证降水时水深不变。水池内汇集的雨水通过溢水口和排水沟排放至附近河道内。

③ 因水载预压期较长，在预压期间，为保证围堰的持久性，在围堰顶部及围堰内均铺设 PVC 薄膜。在围堰顶铺设一层 20cm 厚度左右的细砂或黏土进行压膜并减少 PVC 膜的老化。

④ 护堤在预压期间做好排水防护工作，围堰、路基边坡冲刷部分及时修复。

⑤ 做好安全警示牌及安全警示线工作。安排专人巡视，严禁闲人进入施工现场。发现 PVC 膜遭到破坏漏水严重时，应立即放水修复，减少对路基的破坏。

5.4.3　密封膜耐久性检测

从水载预压法的施工过程来看，围堰的安全稳定是水载是否成功的重要因素。在长达数月的预压期内，围堰内外 PVC 薄膜强度的变化对围堰的稳定持久起着决定性的作用。经过数月的日晒雨淋等风化作用，薄膜强度是否能满足要求，关系到整个围堰的安全。

本次试验，水载预压时间最长超过 7 个月，除围堰顶部有个别小孔（人为不慎造成）外，密封膜完整无损。另外，对 PVC 薄膜使用前后各项强度指标进行了测试对比。由于路基边坡上的薄膜老化的最严重，在此部位剪切一定数量的样品进行了检测，其结果与薄膜使用前物理力学指标对比情况见表 5.4.1。检测结果符合 GB/T 17688 物理力学性能对应项指标要求。

表 5.4.1　PVC 薄膜使用前后性能比较

项目		单位	技术要求	检测结果		变异系数
				使用前	使用后	
密　度		g/cm³	1.25 ~ 1.35	—	—	—
纵向	拉伸强度	MPa	≥15	23	22.2	5.8
	断裂伸长率	%	≥220	282	225.4	9.1
横向	拉伸强度	MPa	≥13	22	20.9	6.7
	断裂伸长率	%	≥220	284	231.2	11.9

注：样品暴露在现场150d。

据表 5.4.1 可知，经过 150d 的风化作用后，PVC 薄膜纵、横向拉伸强度仅分别减小了 0.8MPa 和 1.1MPa，为原始拉伸强度的 96.5% 和 95.0%，其强度依然满足技术要求；纵、横向断裂伸长率虽然分别降低了20.1%和18.6%，但尚可满足技术要求。从以上的数据分析表明，只要维护得当，PVC薄膜在经过半年甚至一年的日晒雨淋后强度仍可满足相关的技术要求，水载预压的安全耐久性完全可以得到有效保障。

5.5 试验成果分析

本研究段在桩号K12+020～K12+060和K12+130～K12+270范围内成功地加载了1.8m高的水载，全过程平稳，这表明了水载的加载非常适用于本高等级公路。出于安全的考虑，水载高度不宜过大，而1.8m高的水载仅相当于1.0m高的填砂荷载，这能否满足本工程的等载、超载要求，可以根据监测数据来分析评价。

图5.5.1、图5.5.2分别为电渗区及强夯区沉降曲线图，由图可看出，在水载超载作用下，路基各个位置均有很明显的沉降，表明水载不仅能加固路基中心位置的软土，而且对路基左右侧的加固效果也很好。另外，电渗区在超载将近两个月后，沉降逐渐进入稳定状态，而强夯区由于强夯已经消除了部分沉降，在水载超载一个月后沉降速率就已经非常小。利用电渗区和强夯区目前的实测沉降曲线，根据双曲线法推算得到电渗区的剩余沉降仅为32.3mm左右，强夯区的剩余沉降仅为8.1mm左右。

综上所述可知，水载预压和堆载预压的加固效果一样，完全可以满足本工程的等载、超载要求。

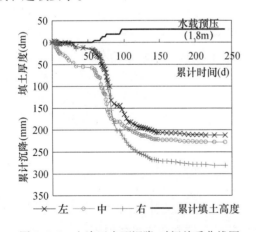
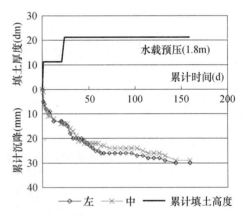

图5.5.1 电渗区表面沉降-时间关系曲线图   图5.5.2 强夯区沉降速率-时间关系曲线图

5.6 经济对比与推广应用

水载预压的经济性与多种因素有关：
水池大小：水池越大，水载越经济；
水池深度：水池越深越经济；

围堰尺寸与材料：采用两侧砂包中间填砂比全部用砂包修筑经济；

密封膜层数：密封膜层数越多越贵；

水源成本：水源较远时成本较高；

其他预压荷载的成本：其他预压荷载较贵时可以反衬水载的经济性。

本研究区段中水载预压具有良好的经济效应，与常规超载造价比较可见表 5.6.1（本表格中各项费用均按本试验段电渗区水载预压的工作面积来计算）。通过比较可以看出水载预压要经济得多。采用水载法预压 1.8m（相当于压实砂 1m 厚度），其工程造价平均为 29.31 元/m²；而采用常规堆载（填砂）预压的工程造价约为 58.74 元/m²，采用水载预压可以节约成本 50.1%。由此可见，水载预压的经济效益是非常可观的。

表 5.6.1　水载预压与常规堆载预压参考价格

水载预压					填砂预压				
项目	单位	单价	数量	小计	项目	单位	单价	数量	小计
围堰	m³	64.02	1048.8	67144.18	超载砂方	m³	32.76	6360.0	208353.60
PVC 膜	m²	4.97	6240.0	31012.80	卸载砂方	m³	9.57	6360.0	60865.20
水	m³	0.25	6845.9	1711.48	征地资源费	m³	2.00	6360.0	12720.0
人工费用	工日	30.00	360.0	10800.00	/	/	/	/	/
安全费用	项	10000	1	10000	/	/	/	/	/
卸载	项	20000	1	20000	/	/	/	/	/
总计	/	/	/	140668.45	总计	/	/	/	291938.8
单位面积造价	（元/m²）	/	29.31		单位面积造价	（元/m²）	/	58.74	

南方地区水源丰富，水载预压的水源可以就地取材，抽取和排泄蓄水都比较方便，既节省了运输费用也不会对周围的环境产生影响。另外，随着城市建设的不断发展，南方各地土、砂、石等材料逐渐减少，这些材料的成本也不断增加；而由于水资源可以循环反复利用，水载的成本比较稳定、低廉。因此，水载预压具有在工程实践中推广运用的广阔前景。

5.7　结　论

（1）水载法分为水袋法、水箱法、水池法。水池法又分为几种，各有优缺点，进行施工时应综合考虑，合理选择。建议采用简单易行的水池法水载预压。

（2）水载预压的经济性与水池大小、围堰结构、密封膜层数等密切相关。水池宽度宜与路基顶面宽度相同，长度宜取 50m 左右。监测断面宜设置在相邻水池之间的围堰处。

（3）为保证水载法的安全性，路基两侧临空面围堰顶宽宜取 2.0~2.5m，两水池中间围堰顶宽宜取 1.5~2.0m；围堰采用砂或土填筑；围堰外坡率按路基坡率，内坡率宜取 1:1~1:1.5（填土围堰取陡坡，填砂围堰取缓坡）。采用砂时，应在围堰两侧码砌砂包保护围堰。

（4）建议采用 1~2 层厚度不小于 0.12mm 的密封膜。密封膜宜工厂胶合成一整块。密封膜基底不应有尖锐物。

（5）有多种放水卸载方法，建议采用预埋膜法或预埋管法。

（6）工程实践表明，水载预压具有经济、环保、施工速度快等特点。由于荷载的可流动性，水载对减少不均匀工后沉降具有独特的优点。

（7）工程实践证实了水载预压法与堆载预压法效果相同，密封膜耐久性良好，加强管理可以确保其安全性，可大规模地应用于公路软基处理工程中。

参 考 文 献

［1］Hewlett W J, Randolph M F. Analysis of piled embankments ［J］. Ground Engineering, 1988, 21 (3): 12-18.

［2］Jones C J F P, Lawson C R, Ayres D J. Geotextile reinforced piled embankments ［A］. Proc. 4th Int. Conf. on Geotextiles: Geomembranes and Related Products. Rotterdam. Balkema, 1990, 155-160.

［3］Low B K, Tang S K. Arching in piled embankments ［J］. Journal of Geotechnical Engineering, 1994, 120 (11): 1917-1938.

［4］Han J, Gabr M A. Numerical analysis of geosynthetic-reinforced and pile-supported earth platforms over soft soil ［J］. Journal of Geotechnical and Geo-Environmental Engineering, 2002, 128 (1): 44-53.

［5］饶为国，赵成刚. 桩网复合地基应力比分析与计算 ［J］. 土木工程学报，2002，35 (2): 7480.

［6］许峰，陈仁朋，陈云敏，徐立新. 桩承式路堤的工作性状分析 ［J］. 浙江大学学报（工学版），2005，39 (9): 119-125.

［7］连峰，龚晓南. 双向复合地基研究现状及若干实例分析 ［J］. 地基处理，2006，17 (2): 1-4.

［8］连峰，龚晓南，赵有明，顾问天，刘吉福. 桩网复合地基加固机理现场试验研究 ［J］. 中国铁道科学，2008，29 (3): 7-12.

［9］连峰. 桩网复合地基承载机理及设计方法 ［D］. 杭州：浙江大学 2009.

［10］周镜，叶阳升，蔡德钩. 国外加筋垫层桩支承路基计算方法分析 ［J］. 中国铁道科学，2007，28 (2): 1-6.

［11］张良，罗强，裴富营. 基于离心模型试验的桩帽网结构路基桩端持力层效应研究 ［J］. 岩土工程学报，2009，31 (8): 1192-1199.

［12］詹金林，梁永辉，水伟厚. 大直径刚性桩桩网复合地基在储罐基础中的应用 ［J］. 岩土工程学报，2011，33 (S1): 122-12.

［13］Wolfram Schluter. Modeling the outflow from a porous pavement. Urban Water, 2002, 4 (1): 245-253.

［14］Montes F, Haselbach L. Measuring hydraulic conductivity in pervious concrete ［J］. Environmental Engineering Science, 2006, 23 (6): 960-969.

［15］Luck J D, Workman S R, Higgins S F, Coyne M S. Hydrologic properties of pervious concrete ［J］. Transactions of the ASABE, 2006, 49 (6): 1807-1813.

［16］Montes F, Valavala S, Haselbach L M. A new test method for porosity measurements of portland cement pervious concrete ［J］. Journal of ASTM International, 2005, 2 (1): 45-57.

［17］Haselbach, Liv M, Freeman R M. Effectively estimating in situ porosity of pervious concrete from cores ［J］. Journal of ASTM International, 2007, 4 (7): 78-89.

［18］Mahboub K C. Pervious concrete: Compaction and aggregate gradation ［J］. ACI Materials Journal, 2009, 106 (6): 523-528.

［19］Kevern J, Wang K, Suleiman M T and Schaefer V R. Pervious Concrete Construction: Methods and Quality Control. Concrete Technology Forum-Focus on Pervious Concrete, National Ready Mix Concrete Association, Nashville, TN, May, 2006: 23-25.

［20］Schaefer V R, Wang K, Kevern J, Suleiman M T. Mix Design Development for Pervious Concrete n Cold Weather Climates. Research Report, Center for Transportation Research and Education, Iowa State University, Ames, Iowa, 2006.

［21］Kevern, John. Advancements in pervious concrete technology, Ph. D. , Iowa State University, 2008.

［22］程晓天，张晓燕，李凤兰，等. 道路透水性混凝土的透水和力学性能试验研究［J］. 华北水利水电学院学报，2008，29（1）：38-40.

［23］孙家瑛，黄科，蒋华钦. 透水水泥混凝土力学性能和耐久性能研究［J］. 建筑材料学报，2007，10（5）：583-587.

［24］Yang J, Jiang G L. Experimental study on properties of pervious concrete pavement materials［J］. Cement and Concrete Research, 2003, 33（3）：381-386.

［25］杨静，蒋国梁. 透水性混凝土路面材料强度的研究［J］. 混凝土，2000，10：27-30.

［26］霍亮，高建明. 透水性混凝土透水系数的试验研究［J］. 混凝土与水泥制品，2004，1：44-46.

［27］蒋正武，孙振平，王培铭. 若干因素对多孔透水混凝土性能的影响［J］. 建筑材料学报，2005，8（5）：513-519.

［28］徐飞，肖党旗. 无砂多孔混凝土配合比的研究［J］. 水利与建筑工程学报，2005，3（4）：24-28.

［29］王琼，严捍东. 建筑垃圾再生骨料透水性混凝土试验研究［J］. 合肥工业大学学报（自然科学版），2004，27（6）：682-686.

［30］卢育英，杨久俊. 利用再生骨料配制透水性混凝土［J］. 环境科学与技术，2008，31（3）：91-113.

［31］蒋友新，张开猛，谭克峰. 环氧树脂改性透水混凝土的试验研究［J］. 路基工程，2007，6：9-10.

［32］地基处理手册编写委员会. 地基处理手册［M］. 北京：中国建筑工业出版社，1988：3-10.

［33］叶书麟. 地基处理工程实例应用手册［M］. 北京：中国建筑工业出版社，1997：5-8.

［34］吴邦颖，张师德，陈绪禄. 软土地基处理［M］. 北京：中国铁道出版社，1995.

［35］孙更生，郑大同. 软土地基与地下工程［M］. 上海：同济大学出版社，1984.

［36］左名麟，朱树森. 强夯法加固地基［M］. 北京：中国铁道出版社，1990.

［37］Dembicki E, Kiselowa N. Field tests of marine subsoil improved with explosion method［C］. Proceedings of the Second European Symposium on Penetration Testing. Amsterdam, 1982.

［38］Narin Van Coury W A, Mitxhell J K. Soil improvement by blasting［J］. Journal of Explosives Engineering, 1994, 12（3）：34-41.

［39］Narin Van Coury W A, Mitxhell J K. Soil improvement by Blasting：Part Ⅱ［J］. Journal of Explosives Engineering, 1995, 12（4）：26-34.

［40］Narin Van Coury W A. Investigation of the densification mechanisms and predictive methodologies for explosive compaction［D］. Berkeley：University of California, 1997.

［41］丘建金，张旷成. 动力排水固结法在软基加固工程中的应用［J］. 工程勘察，1995，（6）：7-10.

［42］Qiu Jianjin, Zhang Kuangcheng. Application of the method of dynamic drainage consolidation in soft soil treatment project［J］. Geotechnical Investigation and Surveying, 1995, （6）：7-10.

［43］王发国，丘建金. 动力排水固结法浅析［J］. 土工基础，1997，11（1）：21-24.

［44］Wang Faguo, Qiu Jianjin. Brief analysis of the method of dynamic drainage consolidation［J］. Soil Engineering and Foundation, 1997, 11（1）：21-24.

［45］铁科院深圳研究设计院. 深层软弱地基爆炸法加固处理试验研究报告［R］. 深圳：铁科院深圳研究设计院，2002.

［46］铁道部科学研究院. 深层软弱地基爆炸加固处理工法的研究［R］. 北京：铁道部科学研究院，2004.

114